Micro Response Psychology

微反应心理学

从表面到内心，手把手地教你于细微处察人于无形！

裴玲◎编著

CFP 中国电影出版社

图书在版编目（CIP）数据

微反应心理学 / 裴玲编著 . 一北京：中国电影出版社，2017.4
ISBN 978-7-106-04685-9

Ⅰ . ①微… Ⅱ . ①裴… Ⅲ . ①心理学一通俗读物 Ⅳ . ① B84-49

中国版本图书馆 CIP 数据核字（2017）第 049148 号

责任编辑：纵华跃
封面设计：孙希前
版式设计：郑祥玲
责任校对：陶雅慧
责任印制：庞敬峰

微反应心理学
裴玲　编著

出版发行　中国电影出版社（北京北三环东路 22 号）　邮编　100013
电话：64296664（总编室）　64216278（发行部）
64296742（读者服务部）
E-mail：cfpygb@126.com
经　　销　新华书店
印　　刷　三河市天润建兴印务有限公司
版　　次　2017 年 4 月第 1 版　2017 年 4 月第 1 次印刷
规　　格　开本 / 880 × 1230 毫米　1/32
印张 / 7.25　　字数 / 180 千字
印　　数　1-8000 册

书　　号　ISBN 978-7-106-04685-9/B・0110
定　　价　32.00 元

前　言

一般情况下，人们都认为微笑是展示开心，友好的表现。工作中，我们会看到同事的微笑。在生活中，我们去吃饭能看见服务员的微笑，坐交通工具时，我们也能看见司机师傅的微笑……

你有没有想过，这些微笑之中有多少是发自内心的？所有的微笑都是真诚的？没有任何的含义吗？答案是：并不是所有的微笑都是真诚的。微笑的面孔下，也有可能掩盖着谎言！如何去识破这些表情下隐藏的真正含义呢？这就需要我们懂一点心理学了。

那么，什么是心理学呢？其实，心理学就是关于“心”的科学。法国文学家狄德罗曾说过：“一个人，他心灵的每一个活动都表现在他的脸上，刻画得很清晰，很明显。”心理学告诉我们，与一个人初次见面，第一印象在 45 秒钟就能产生。这一印象在对方的头脑中形成并占据着主导地位，这就是我们常说的“先入为主”。

那么，什么是微反应呢？微反应的全称，是“心理应激微反应”。它是人们在受到有效刺激的一刹那，不由自主地表现出的不受思维控制的瞬间真实反应。如果要为“微反应”这个心理学领域的新词找个外国前辈词汇来对应的话，那它的英文原文应该是“Micro-expressions”（通常译为“微表情”）。另有一意，指微观程度上的反应，（英文为 Microreaction）在微反应器中直径为几十到几百微米的微通道内发生物理或者化学反应。

严格来讲，“微反应”是个广义的“大词”，包括三个方面的内容：一是大家耳熟能详的“微表情”，属于“面孔微反应”；二是除了表情以外的，其他能够映射心理状态的身体动作，也就是常说的“小动作”，可以别扭地称为“微动作”，属于“身体微反应”；三是语言信息本身，包括使用的词汇、语法以及声音特征，称为“微语义”，属于“语言微反应”。但同时，“微反应”在通常汉语语境下，又会让人直接联想到身体的动作反应，即前面列举的第二个方面的内容“微动作”。所以，“微反应”从这个角度讲，也可以作为一个狭义的“小词”，以便更贴近普通人的理解。

所以本书尝试以心理学的角度，运用心理学原理，结合生活中的实际案例，对平常可能遇到的各色心理现象进行了非常细致的分析，并提供各种独特有效的应对策略，教你巧妙运用人类共同的行为准则与心理机制。懂一点微反应心理学，将帮助你在日益激烈的当今时代，掌握主动权，在细微之中观察人于无形，真真正正的把主动权牢牢掌握于手中。

目录

01 交际心理学：怎样让自己变得更受欢迎

02 待人处世心理学：怎样赢得他人的友谊

03 职场成功心理学：应以什么样的心态面对工作

04 回归自我，审视内心，生命因你而精彩！

05 情绪心理学：掌控情绪，做自己心情的主人

06 追求身心健康，创造美好人生

01 交际心理学：怎样让自己变得更受欢迎

首因效应：初次相见，给别人留下良好的第一印象

很多人都习惯由第一印象来判断、评价他人，你是不是经常听到这些话：

“从第一眼起，我就特别喜欢他。”

“他给我的第一印象，我永远都忘不了。”

“第一次见他，我就感觉怎么也不会喜欢这种人。”

“还记得他第一次来，短短数分钟的谈话，直觉告诉我：他不合适。”

人际交往中人们的这种心理，就是所谓的首因效应。首因，是指首次认知对方而在脑中留下的“第一印象”。首因效应，也叫做“第一印象效应”，是指最初接触到的信息所形成的印象对我们以后的行为活动和评价的影响。

一般地，你在最初交往中给对方留下什么印象，对方容易自觉地依据这种印象来决定是否从心理上接纳你。第一印象既可以助某人某事成功，也可让某人某事失败。

有个毕业生，学的是新闻专业，正急于找工作。一天，他到某报社见总编说：“你们需要一个编辑吗？”

“不需要！”

“那么记者呢？”

“不需要！”

“那么排字工人、校对呢？”

“我们现在什么空缺也没有了。”

“那么，你们一定需要这个东西。”说着，他从公文包中拿出一块精致的小牌子，上面写着“额满，暂不雇用”。总编看了看牌子，微笑着点了点头，说：“如果你愿意，可以到我们广告部工作。”这个大学生通过自己制作的牌子表达了自己的机智和乐观，给总编留下了美好的“第一印象”，引起对方极大的兴趣，从而为自己赢得了一份工作。“第一印象”在这里产生了微妙而有效的作用。

心理学告诉我们，与一个人初次会面，第一印象在45秒钟内就能产生。这一最先的印象对他人的社会知觉产生较强的影响，并且在对方的头脑中形成并占据着主导地位，所谓“先入为主”。有心理学家指出：“保持和复现，在很大程度上依赖于有关的心理活动第一次出现时注意和兴趣的强度。”并且这种先人为主的第一印象是人的普遍的主观性倾向，会直接影响到以后的一系列行为。

一般人都有切身体会，第一印象是难以改变的，因此在日常交往过程中，尤其是与别人的初次交往时，一定要注意给别人留下美好的印象。首因效应在人际交往中对人的影响较大，是人与人交际心理中的一个重要名词。初次见面时，对方的表情、体态、仪表、服装、谈吐、礼节等形成了我们对对方的第一印象。在现实生活中，在首因效应作用下形成的第一印象常常左右着我们对他人的日后看法。因为第一印象一旦形成，就不容易改变。而初次印象是长期交往的基础，是取信于人的出发点。

那么，怎样使别人喜欢你，使你更容易受到欢迎，更容易交到朋友呢？

盛行全球的《人性的弱点》一书的作者、成功学大师戴尔·卡内基运用心理学知识，针对人类共同的心理特点，提出了使你成为大众宠儿的方法：任何人都喜欢那些欣赏和关心他们的人，因此最有效的交际窍门是对别人真心实意地感兴趣；要努力学会为别人提供服务，不惜花费时间、精力，诚心诚意地为别人设想和做事情，这样才能获得真正的朋友。

西班牙专家认为，人们在日常交际中对他人的第一印象主要来自动作、姿态、外表、目光和表情等非口头语言。

西班牙《先锋报》报道说，根据大学心理学教授阿维亚的研究，与人初次交谈时，非口头语言可提供60%到70%的信息。

对无缘得见的社会名人，多数人也会产生或好或坏的第一印象，影响因素包括他们的外貌以及媒体对其公众形象的评价。此外，女人比男人感性，所以更容易先人为主；男人相对更加理性，在长远洞察力方面有优势。

第一印象无论好坏都很难抹去，因此初次见面就不讨人喜欢的人通常不具备良好的交际能力。

那么，什么样的举止会给人留下糟糕的第一印象呢？

阿维亚指出，初次见面就讲述私人生活或个人问题、搬弄是非或批评他人、只谈论自己、过于活泼或好开玩笑、举止莽撞冒失、自己高谈阔论却不给对方说话机会、认为自己永远有理或目空一切，都会给人留下坏印象。

怎样留下良好的第一印象呢？

阿维亚说：“这需要有清楚的自我认识，能自我反省并及时改正，比如注意自己的表情是否僵硬、笑容是否令人不快；注意自身形象和个人卫生；交谈时适当保持沉默或改变说话语调；寻找自己与对方的共同话题等。此外，活跃谈话气氛的能力十分重要，因为很多人凭直觉来判断谈话对象是否值得结交。”

这位专家最后强调：没有人能够给所有人都留下好印象，因此，最重要的是别浪费时间，要结识那些值得交往的人。

由于首因效应作用的存在，这就要求我们在和别人初次交往的时候，一定要注意修饰自己，从外表到语言到内在的素质，给人一种愉悦的感觉，让人愿意与你交往。

心理学要点

在现实生活中，在首因效应作用下形成的第一印象常常左右着我们对他人的日后看法。因为第一印象一旦形成，就不容易改变。而初次印象是长期交往的基础，是取信于人的出发点。

近因效应：有好的开始，更要有好的结尾

首因效应一般在交往双方还彼此生疏的阶段特别重要，而随着双方了解的加深，近因效应就开始发挥它的作用了。近因效应是相对于首因效应而言的，是指在交往过程中，我们对他人最近的、最新的认识占了主体地位，掩盖了以往的评价，也称为“新颖效应”。

比如，你的一个平凡的老邻居突然做了官，你就会一扫其平凡的印象，对其刮目相看。再比如，多年不见的朋友，在自己脑海中的印象最深的，其实就是临别时的情景；一个朋友总是让你生气，可是谈起生气的原因，大概只能说上两三条；你的一个好朋友最近做了一件对不起你的事情，你提起他来就只记得他的坏处，完全忘了当初的好处……这一切都是近因效应的影响。

李倩和任雪是多年的朋友，李倩比任雪大一岁，平时就像姐姐一样关心任雪。任雪从心底里感激李倩，把李倩当作知心朋友。李倩如有什么事，任雪也总是极力维护李倩。大家都知道她们关系非常密切。可是最近，李倩和任雪却闹翻了。

“我把她当姐姐一样尊重，她却这样对待我。”任雪生气地对别人说。

“唉，我对她一直都很关照，却因为最近得罪了她一次，她居然就不理我了。”李倩很伤心。

任雪因为李倩最近一次“得罪”了她，便中断了以往与李倩的友情。

在这个例子里，李倩和任雪两人在平常接触频多，彼此之间却都将对方最后一次印象作为互相认识与评价的依据，因为最近发生的事或了解的东西掩盖了对对方的一贯了解。这就是近因效应所产生的结果。

在人际交往过程中，新获得的信息往往起优势作用，也即最近的信息对认知的影响相对比较大，所留下的印象也相对深刻。

美国心理学家卢钦斯用编撰的两段文字作为实验材料作研究。他编撰的文字材料主要是描写一个名叫杰瑞的男孩的生活片段，第一段文字将杰瑞描写成热情并外向的人，另一段文字则相反，把他描写成冷淡而内向的人。例如，第一段中说杰瑞与朋友一起去上学，走在撒满阳光的马路上，与店铺里的熟人说话，与新结识的女孩子打招呼等；第二段中说杰瑞放学后一个人步行回家，他走在马路的背阴一侧，他没有与新近结识的女孩子打招呼等。在实验中，卢钦斯把两段文字加以组合：

第一组，描写杰瑞热情外向的文字先出现，冷淡内向的文字后出现。

第二组，描写杰瑞冷淡内向的文字先出现，热情外向的文字后出现。

第三组，只显示描写杰瑞热情外向的文字。

第四组，只显示描写杰瑞冷淡内向的文字。

卢钦斯让四组被试验者分别阅读一组文字材料，然后回答一个问题“杰瑞是一个什么样的人？”结果发现，第一组被试验者中有78%的人认为杰瑞是友好的，第二组中只有18%的被试者认为杰瑞是友好的，第三组中认为杰瑞是友好的被试验者有95%，第四组只有3%的被试验者认为杰瑞是友好的。

这项研究结果证明，信息呈现的顺序会对社会认知产生影响，先呈现的信息比后呈现的信息有更大的影响作用。但是，卢钦斯进一步研究发现：如果在两段文字之间插入某些其他活动，如做数学题、听故事等，则大部分被试验者会根据活动以后得到的信息对杰瑞进行判断，也就是说，最近获得的信息对他们的社会知觉起到了更大的影响，近因效应很明显地在发生着作用。

研究发现，近因效应一般不如首因效应明显和普遍。在印象形成过程中，当不断有足够引入注意的新信息，或者原来的印象已经淡忘时，新近获得的信息的作用就会较大，就会发生近因效应。个性特点也影响近因效应或首因效应的发生，一般心理上开放、灵活的人容易受近因效应的影响；而心理上保持高度一致，具有稳定倾向的人，容易受首因效应的影响。

这样看来，首因效应和近因效应似乎矛盾，其实二者并不矛盾。这两个心理活动的规律向我们揭示了一个很简单但很有价值的道理：在一般情况下，第一印象和最近印象对人际认知的影响比较大。

由此不难看出，在人际交往中，最近、最后的印象，往往是最强烈的，可以冲淡在此之前产生的各种因素。所以，我们在交往中，在重视好的开始的同时也要重视好的结尾。

在经常接触、长期共事的人之间，彼此之间往往都将对方的最后一次印象作为认识与评价的依据，并常常使彼此的人际关系和人际交往发生质和量的变化。现实生活中的友谊破裂、夫妻反目、朋友绝交等，都与近因效应有关。当然，近因效应也给了我们改变形象、弥补过错、重新来过的机会。例如，两个朋友因故“冷战”一段时间后，一方主动向对方表示好感或歉意，往往会出乎意料地博得对方的好感，化解恩怨。如何让近因效应发挥好的作用，就看你如何运用了。

心理学要点

在人际交往过程中，新获得的信息往往起优势作用，也即最近的信息对认知的影响相对比较大，所留下的印象也相对深刻。

邻里效应：热情对待和关心身边亲近的人，以最小的代价换取最大的报酬

俗话说：远亲不如近邻。远房亲戚虽有血缘关系，但不常走动，关系还没有天天能打照面的对邻亲近。心理学上的“邻里效应”就是由此引申出来的。

邻里效应是社交中的一条黄金定律，你只有努力和邻近的人友好相处，用热情去打动他们，才能赢得别人的好感，也才会给自己营造一个自在舒适的环境。当然，这种效应不仅局限于周围的邻居，还包括你身边的那些人。

业务员吴丹平时就是个热情的女孩，帮同事打水，给生病的同事带药之类的事情，她总是力所能及地去做。

最近，吴丹的业绩不太好，她很着急，同事们也为她着急。有一次，一个同事介绍了一个大客户来找她，吴丹很好地把握住了这次机会，才得以渡过了考核危机。事后，吴丹想感谢那位同事，对方只说吴丹也帮助过自己，而且同事之间互相照应是应该的，所以没有接受吴丹的请客。

在这件事中，吴丹便是邻里效应的受益者，她平时只是随手做了些微不足道的小事，却在关键时刻帮了她很大的忙。

一个身边的好朋友比一个远在他乡的好亲戚起的作用要大许多。哪

怕是你有再多的好亲戚又怎样呢？你们天各一方，碰上什么事，他也是远水救不了近火。这时你就需要找离你最近的人帮忙，他们发挥的作用才是最大的。所以和周围的人搞好关系，有效地发挥邻里效应，无论工作还是生活，都会受益良多。

一位著名主持人曾对她母亲的为人称赞不已，她说自己很佩服母亲，能够在搬进自己房子的一周内就和周围的邻居熟稔起来。

有一次家里停电，因为没有工具，无法修理，如果按照她的习惯就会忍一宿，但是，她的母亲很自然地敲开邻居家的门，轻松借到了工具，修好了故障。而在她母亲搬进来之前的很长时间里，她几乎没有和邻居说过一句话。

正是因为这位母亲的热情不仅解决了生活中的小麻烦，还使她周围的一切不再陌生和没有安全感，逐渐地变得亲切起来。

用热情与周围的人互动，有时能够以最小的代价换取最大的报酬。的确如此，比如，逢年过节的时候，邻里间的互相走动不仅能增进邻里的关系，有时还会收获意外的惊喜，同时也增加了社会生存的安全感。

中国古话说："乡田同井，出人同友，守望相助，疾病相扶持，则百姓亲睦。"这句话不但为我们描述了一幅温馨的乡村图景，更告诉了我们邻居间的相互扶持、相互帮助、良性互动能促进彼此间关系的和谐，也方便了你我。

独居老人严静明一直以来为人都相当热情，左邻右舍要是有个什么事，他总是热心帮忙。虽然子女常来看望他，但一个人住，难免有个头疼脑热的时候。

一天晚上，严静明突然发起了高烧，浑身发烫，额头上大颗大颗的汗珠直往下掉。邻居施娟家包了饺子，正好准备端一碗给这位平时对他们很热心的大爷，一进门看见大爷躺在床上，得知是发高烧后，赶忙在严静明的床头找通讯录，给他儿子打电话。自那以后，施娟每天都要到严静明家看看。有一次严静明外出，好长时间没回来，施娟不放心，专程去告诉他儿子，才得知严静明到孙子家吃饭去了。严静明的儿女们都为父亲有这样的好邻居而高兴。

当你用热情对待周围的人的时候，他人也会给你相同的回报。在社会中，人们普遍存在一种建立和谐的人际关系的期望，也就是说，能和周围的邻居打成一片，是一件皆大欢喜的好事。

邻里效应归根结底就是要热情对待身边的人，你懂得关心别人，自然也会得到别人的真心。热情笑对身边的人也是对自己的一种投资，是提升个人魅力的一个砝码。付出了热情，收获了融洽，利己利人。热情的人是容易受到朋友欢迎的，他们的身边永远不会缺少同伴的关心，所以从现在开始就做一个充满热情的人吧，用你的情绪感染人，用你的行动带动大家，热爱生活，热爱事业，热爱家庭，热爱身边的朋友。相信你在给身边人付出热情的时候，自己也能得到快乐！

心理学要点

邻里效应是社交中的一条黄金定律，你只有努力和邻近的人友好相处，用热情去打动他们，才能赢得别人的好感，也才会给自己营造一个自在舒适的环境。

亲和力效应：面带微笑，表现亲和，驾起一座心灵沟通的桥梁

如果一个人的性格和态度在他人看来具有亲和力，人们都特别愿意与之交往。亲和力就像磁铁一样，吸引别人靠近，制造友谊的机会。

微笑是表现出亲和力最有效的方式之一。

从我们稍懂人事的那一天起，就注定与微笑结了缘。高兴的微笑使人身心放松；得意的微笑使人倍感自信；善意的微笑使人温暖、幸福，具有亲和力……微笑——这一生命的自然悸动，是那样的淳朴、平静，使人享受到生命底蕴的醇味，体验欢愉的情感，超越悲伤与失落。

笑是无声的语言，但是“无声胜有声”。在动物王国，露齿是攻击的象征。但是，在人类社会，却完全相反。没有一样东西比温馨的微笑，能更快地化解他人的敌意、赢得他人的好感。

真诚的微笑是沟通心灵的桥梁，只要你轻轻一展笑颜，就胜过千言万语。微笑不失为“消除一切障碍的良方”。

人与人相处的过程中，每个人都希望看到别人的笑脸。到商店购物时，希望售货员微笑服务；到某新单位上班时，希望看到新同事和善的笑脸；向上级汇报工作时，期待着主管满意的微笑；回到家里时，期望看到亲人温馨的笑容。

笑脸待人，必然能收获别人的善待。微笑是善意的标志。不论是在

家中，还是出门在外，微笑都可以以柔克刚、以静制动、沟通情感、融洽气氛、缓解矛盾，为双方沟通的成功打下了良好的基础。

俗话说：伸手不打笑脸人。微笑可以缓和紧张的气氛，消除他人的怒气。

有一个小女孩，家中经济拮据，父亲的脾气很糟糕，经常打孩子。奇怪地是，在哥哥姐姐经常挨打的情况下，小女孩却很少挨打。原因并不在于她是最小的，而是因为她喜欢微笑，每次父亲举起手来打她的时候，她总是微微地对父亲一笑，就这一笑，父亲便手软了。

周力是一个有着一身臭脾气的年轻人，他平时深锁眉头，脸色严肃，街坊邻居，谁都不敢招惹他。周力家门前有一大片诱人的玫瑰花，鲜艳欲滴。但是，街坊邻居都知道，他家的花儿可摘不得，哪怕是掉在地上的一朵也不能去拾。因为，如果被周力发现你摘他家的花儿，他就会拿着笤帚，大吼一声将你轰走。据说，如果笤帚吓不住你，他还会从屋里抓起一把菜刀就冲出来。

一天，天气很好，周力家门口那一片玫瑰花散发着迷人的清香，在阳光的照耀下，越发迷人。这时候，一个 12 岁的小女孩走了过来，她是偶然从这里路过的。

小女孩一下子停住了脚步，她低头看着鲜艳的花朵，好美的花儿，真想摸一摸。小女孩正欲伸出手，一个阿姨走了过来，轻轻地拍了拍她的肩膀，告诉她，这家主人周力很不友好。恰好周力走了出来，满脸怒气，气势汹汹。但是，小女孩并不害怕，她纯真地向周力微笑着，即便周力满脸的杀气。

此后，小女孩每两天就来周力家门口一次，每一次都会冲着周力微微地笑，以此来表达友好。一周后，小女孩又来到玫瑰花旁边，这时已经有不少鲜花凋零了。小女孩正为此而伤心，突然发觉一只温暖的大手正轻轻拍着自己的肩膀，她回过头一看，周力正冲她微笑。

原来，周力的妈妈非常喜欢玫瑰花，于是在家门口种了一大片。妈妈去世后，周力极度伤心，这一片玫瑰花几乎成了他对母亲的思念和寄托，不准任何人打扰。直到小女孩的出现，仅仅是那几次微笑，因为微笑，让周力感受到了亲切，冷冰的心、才有了暖意。周力才发现，花儿的美丽是要有人欣赏的，就像人的感情，必须要相互交流，才会更加美好和永久。心理学家认为，在人与人之间，微笑是最好的润滑剂，具有亲和力。就好比故事中的小女孩，她用纯净的微笑换来了周力的信任，使周力在内心深处觉得小女孩可以亲近。

微笑是两个人之间最短的距离。试想，如果在公共场合，遇到一位并不熟悉的人正对你微笑，你是否感觉一下子与他亲近了许多？微笑的魅力的确让人难以抗拒。许多推销员正是凭借自己真诚的微笑赢得了他人的信任，许多企业的员工也是凭借微笑服务，吸引并留住了更多的顾客。

希尔顿饭店的“微笑服务”闻名于世。20世纪初期，希尔顿能够在经济危机中幸存下来并率先进入了新的繁荣期，微笑服务功不可没。创始人希尔顿每天对服务员常说的一句话就是：“你对顾客微笑了吗？”他要求每个员工不论如何辛苦，都要对顾客投以微笑，即使在旅店业务受到经济萧条的严重影响时，他也经常提醒员工：“万万不可把我们心里的愁云挂在脸上，无论旅馆本身遭受的困难如何，希尔顿旅馆服务员脸上的微笑永远是属于旅客的阳光”。

营业员面带微笑，会吸引更多顾客。如果企业的领导者面带微笑管理，又会带来什么样的效果呢？

有许多领导者工作时总是一板一眼，不苟言笑，他们似乎觉得工作氛围应该是严肃的，微笑面对员工会不利于自身威性的树立。其实不然，在管理中，微笑有它独特的魅力。

作为美国钢铁和国家蒸汽厂的子公司，RMI 公司生产的钛产品一直不能达到合格要求，生产力低下，销售不畅，利润很低，公司濒于破产边缘。

在危难时刻，曾是前美国克里夫足球队员的丹尼尔走马上任。丹尼尔性格开朗爱笑，在球队的时候，球迷和队友们就亲昵地称他“笑星老吉”。上任后，他把那种爱笑，以笑征服人的踢球风格运用到企业管理上。《华尔街日报》称他这种管理风格是“地道的老式笑话”。

他强调人与人之间的沟通，要求大家都要保持微笑。他让人在工厂里四处张贴标语：“如你看到别人不笑，你对他笑。”“笑使你坚持自己能够成功。”“热爱工作才能成功”等。每张标语的署名都是“老吉”。

老吉还把公司的标志改换成一张微笑的脸，甚至于信纸、文具、厂名标志、工人头盔、产品包装都用笑脸作标记。笑脸的标志应用之广，以至于 RMI 公司总部所在地奈尔市的市民们，一想到笑脸就立刻联想到 RMI 公司。最后，人们干脆把奈尔市叫成微笑市了。

此外，丹尼尔把大部分时间花在了巡视厂房，跟工人打招呼、开玩笑上。他能随口叫出 2000 多名工人中任何一个的名字。他认为这样是和工人沟通思想，使大家产生凝聚力和唤起工作热忱的最有效的办法。

事实证明，他的想法是对的。3 年间，在没有任何投入的情况下，靠着这种“地道的笑话”的经营方式，丹尼尔激发了工人的工作热情，使公司的利润上升了两倍多。这样，公司不仅避免了破产的厄运，还重新树立了良好的形象。

显然，管理并非严厉才会有效。相反，有时领导者面带微笑，更容易拉近与员工之间的距离，产生一种巨大的亲和力，从而激起员工的工作热忱，使企业获得更大发展。

一位乘客请求空姐给他倒一杯水吃药。飞机还未起飞，空姐很有礼貌地说："先生，为了您的安全，请稍等片刻，等飞机进入平稳飞行后，我会立刻把水给您送过来，好吗？"

15 分钟后，飞机早已进入了平稳飞行状态。突然，乘客服务铃急促地响了起来，空姐猛然意识到：糟了，由于太忙，她忘记给那位乘客倒水了！当空姐来到客舱，看见按响服务铃的果然是刚才那位乘客。她小心翼翼地把水送到那位乘客跟前，面带微笑地说："先生，实在对不起，由于我的疏忽，延误了您吃药的时间，我感到非常抱歉。"这位乘客抬起左手，指着手表说道："怎么回事，有你这样服务的吗？"空姐手里端着水，心里感到很委屈，但是，无论她怎么解释，这位挑剔的乘客都不肯原谅她的疏忽。

接下来的飞行途中，为了补偿自己的过失，每次去客舱给乘客服务时，空姐都会特意走到那位乘客面前，面带微笑地询问他是否需要水，或者别的什么帮助。然而，那位乘客余怒未消，摆出一副不合作的样子，并不理会空姐。

临到目的地前，那位乘客要求空姐把留言本给他送过去，很显然，他要投诉这名空姐。此时空姐心里虽然很委屈，但是有礼貌地面带着微笑，说："先生，请允许我再次向您表示真诚的歉意，无论你提出什么意见，我都将欣然接受您的批评！"那位乘客没有言语，接过留言本，开始在本子上写了起来。

没想到那位乘客在本子上写下的并不是投诉信，而是一封热情洋溢的表扬信。

在信中，空姐读到这样一句话："在整个过程中，您表现出的真诚的歉意，特别是你的 12 次微笑，深深打动了我，使我最终决定将投诉信写成表扬信！"

在这短短的几句感谢语中，有几个关键词不可忽视：真诚、12 次微笑、深深打动，由这些关键词我们可以看出，让这位挑剔的顾客以感谢代替投诉的不是别的，而是空姐真诚的、发自内心的微笑。

现实生活中，人们脸上的微笑总是没有自己所想象的那么多。如果你想在交际中得心应手，就得练习微笑：

——在紧张的气氛中，请轻松地微笑，以缓和气氛，消除僵局。

——在你拒绝他人时，边摇头边婉转地微笑，以不得罪对方，让其口服心悦。

——在你示意道歉时，请真诚地微笑。伴着笑容的“对不起”，能博得对方的谅解。

——每天随身带一面小镜子，每当生气、消沉或无精打采的时候，强迫自己“制造”笑容。

——练习微笑，试着用你的整个脸去微笑。

——记住：每当你感到最不喜欢笑的时候，就是你应该笑得最多的时候。

心理学要点

亲和力就像磁铁一样，吸引别人靠近，制造友谊的机会。而微笑则是表现出亲和力最有效的方式之一。真诚的微笑是沟通心灵的桥梁，只要你轻轻一展笑颜，就胜过千言万语。

幽默效应：幽默是一种润滑剂，它让人与人之间的关系更和谐有趣

保罗·纽曼是美国著名的影星，他那精湛的演技与叛逆的形象，使他成为好莱坞最受瞩目的男演员。

1982年，保罗·纽曼为了祝贺纽约布鲁克林大学新设电影系，特地访问该校，主持了新片《恶意的缺席》的试映会，并参加学生的座谈。

有一位学生忿忿不平地说："我从收音机听到这部电影的广告——最后一场是拼得你死我活的枪战场面，可是实际上，片尾非常平静和平，像这种虚伪的广告宣传实在要不得。"

这位学生说得义愤填膺，现场的气氛顿时变得十分紧张。保罗·纽曼回答说："我完全不知道广播电台的广告内容。"他顿了一下，接着说："不过，下一次的片尾一定会出现激烈的射杀场面。镜头上出现的是：我用枪打死了那位收音机播音员。"

保罗·纽曼用幽默的回答引起哄堂大笑，也化解了紧张的气氛，赢得了更多影迷的爱戴。保罗·纽曼应该说具有极高的情商，如果他针锋相对，或是摆出一副高傲的明星架子，那么结果可想而知。

幽默是思想、学识、智能和灵感的结晶，是一瞬间闪现的光彩夺目的火花。幽默是自觉地用表面的滑稽逗笑形式，以严肃的态度对待生活事物和整个世界。幽默是具有情商、教养和道德上优越感的表现。幽默

感是人的比较高尚的气质，是文明和睿智的体现。

如果我们想在社交活动中给人一个良好形象，就必须运用幽默。幽默的社交，可以让人觉得醇香扑鼻，隽永甜美。幽默的社交，可以把别人的心吸人你的幽默磁场，在一起笑的时候，使彼此的感情产生交流。只要稍稍留意，在生活中到处可以发现可以带给人们无穷乐趣的幽默故事。

有一位钢铁工人房屋漏雨，每次请求修缮都没有结果。一天，单位领导视察民情，也问及他的房子一事。人们以为他会大诉其苦，却没想到他微微一笑说："还好，不是经常，只是下雨时才漏。"妙语博得众人一阵大笑。几天后，修房问题妥善解决。

幽默，可以使愁眉不展者笑逐颜开，也可以使泪水盈眶者破涕而笑；可以为懒惰者带来活力，也可以为勤奋者驱除疲惫；可以为孤僻者增添情趣，也可以使欢乐者更加愉悦。你看那些有魅力的人士，更是无一例外地具有幽默的品格，有一种乐观豁达的品格。

法国文豪巴尔扎克一生写了无数作品，却常常手头拮据，穷困潦倒。有一天夜晚，他正在睡觉，有个小偷爬进他的房间，在他的书桌里乱摸。巴尔扎克被惊醒了，但他并没有大喊大叫，而是悄悄地爬起来，点亮了灯，平静地微笑着说："亲爱的，别翻了。我在大白天都不能在书桌里找到钱，现在天黑了，你就不用耗费心机了！"大作家对贫穷的超脱，可见一斑。

幽默是高情商者的一种特有品质，它具有无穷的力量，它可以使年轻人显得机智，使老人变得年轻；可以吸引众人的注意力，可以在微微一笑间缩短彼此的距离。而在各种紧张、尴尬的场合中，幽默更能发挥出非凡的作用，使所有的令人不快的气氛一下子变得愉悦而轻松，使对立冲突、一触即发的态势转为和谐与融洽，还能使对方心悦诚服地理解、接纳你和你的观点。

在公共汽车上，因突然煞车，一位男青年无意中撞了一位小姐，小姐忿恨地说："什么德性！"男青年被她的话激怒了，一场争端迫在眉睫。这时，旁边的一位大爷说了一句话："不是德性，是惯性。"车上的人顿时哄然大笑，小姐不好意思地低下了头，男青年也愉快而诚恳地作了道歉，车上烦闷、紧张的气氛也一扫而空了。

一次盛宴招待会上，服务员倒酒时，不小心将啤酒洒到一位宾客那光光的秃头上。服务员吓得脸都变了色，全场人手足无措，目瞪口呆。没想到这位客人却诙谐地说："老弟，你以为这种酒能治疗脱发吗？"在场的人闻声大笑，尴尬局面一下子被打破了，宾客的幽默向大家展示了自己的大度胸怀，又巧妙地为服务员摆脱了窘境，使招待会能愉快地继续下去。

真正的幽默诙谐而不失风度，滑稽而不粗俗，精练而不繁冗。而且，幽默虽然只是短短的几句话，或者简单的行动，却常常能胜于千言万语的描述与雄辩，使别人明白你要表达的事实和道理，并轻易地接受，为之折服，达到劝解、说服的效果。

秦始皇吞并六国前，意欲扩大御花园，大量饲养珍禽异兽，但是这要消耗许多民力国力，可是皇上的命令谁都不敢违抗。当时，有个侏儒叫优旃，能言善辩，他对秦始皇说："好，这个主意很好，多养珍禽异兽，敌人就不敢来了，即使敌人从东方打过来，只需下令梅花鹿用角把他们顶回去就可以了。"

这实际上是有意把鹿的作用夸大到不可能的地步，使秦始皇从这种荒谬性中想到必须养精蓄锐以对付可能来犯的各种敌人。秦始皇听后，终于收回成命，听从了他的劝谏。

林肯为历代美国人所爱戴，也为世界所敬仰，他就是一个幽默大师。林肯年轻时，做过律师。有一次，他作为被告辩护律师出庭。原告律师将一个简单的论据翻来覆去地陈述了两个多小时，听众都听得不耐烦了。待到林肯进行辩护时，只见他走上讲台，先把外衣脱下放到桌上，然后拿起玻璃杯喝了口水，接着又重新穿上外衣，然后又喝水，一句话也不说，这样的动作重复了五六次，逗得大家前俯后仰。林肯的幽默表演，实际是对原告律师的最好嘲弄，这也为他辩护的成功奠定了基础。

在社交中，我们一定要与人为善，与人和蔼相处，但难免有人找乐子拿你开玩笑，对你进行辛辣的嘲讽，令你无法接受，高情商者可以运用幽默这一有力武器，进行回击，以扭转自己的被动境地，并向其他人展示自己的机智应变能力。

其实，许多人都知道幽默的重要性及好处，也希望自己成为一位具有幽默感的人，随口说一句话便能令大家发出会心的微笑，但是，自己却不是天生幽默的人，不能像卓别林等喜剧人物一样，一张口，一举手，一投足，都充满了启人心智、令人愉悦的幽默，使千万人为之捧腹、为之倾倒。

许多人具有幽默的天赋，可是，幽默感也是可以后天训练培养的。首先，你要有豁达乐观的胸怀，有自嘲的勇气和接受幽默的风度。其次，要多读些幽默笑话等书报，充实自己的笑料库。在朋友聚会时，讲上一段小笑话，迸出一句经典的幽默话语，也可以让别人觉得你是一个幽默的人，长期累积，等到你可以把笑料库里的笑话灵活自如地运用时，你也就算大功告成了。

另外，在你周围的朋友当中，一定有几个是你特别乐意接近的，你之所以喜欢和他们在一起，是因为他们比较有趣。把这几个人的名字记下来，多观察他们如何与人相处，看看他们如何吸引大家听他讲话，尝试用他们的方法和人沟通，慢慢地，再将自己的独特风格融人其中，相信你也能成为一位受欢迎的幽默大师。

心理学要点

幽默虽然只是短短的几句话，或者简单的行动，却常常能胜于千言万语的描述与雄辩，使别人明白你要表达的事实和道理，并轻易地接受，为之折服，达到劝解、说服的效果。

自己人效应：拉近距离，消除隔阂，让人无法拒绝

在人际交往中，如果双方关系良好，一方就更容易接受另一方的某些观点、立场，甚至对对方提出的难为情的要求，也不太容易拒绝。这在心理学上叫做“自己人效应”。

现实生活中，人们往往更喜欢把那些与自己志向相同、利益一致，或者同属于某一团体、组织的人，视为自己人。在其他条件大体相同的条件下，所谓自己人之间的交往效果一般会更为明显，其相互之间的影响通常也会更大。因为是自己人，所以会感到相互之间更加容易接近。而这种相互接近，则通常又会使交往对象之间萌生亲切感。

人缘好的人，他们在有意或无意中利用了心理学上的“自己人效应”。当年连战在北大演讲，他的第一句话就是：“台湾媒体报道我今天回母校，母亲的学校。这是一个非常正确的报道。”想想，大陆人民听到这样的话是什么感受？他的话说到了每个人的心里面去，连战一下子成为大陆人民心中的“自己人”，他的一切言行举止都自然而然地被大陆人民所接受。

自古以来，出现过不少有名的演说家在演说时与听众打成一片的现象，比如当他举起拳头时，成千上万的听众也同样举起拳头附和。为什么这些演说家在演说中会与听众紧密地结合在一起呢？

秘诀在于其所使用的言词和所持的态度。他的演说内容听上去不是

为了他个人，而是为了大众，从而使听众能够产生共同意识。并且为了达到这一目的，他们在演说中往往频频使用“我们”、“我们大家”等字眼，以表示这些与你我众人息息相关，所以只须简单的几句，就可以抓住大众的心，使众人能产生“命运一致”的“自己人”的感觉。

由于每个人的内心都或多或少存有潜在的“自我意识”，所以大都不愿意受到他人的指使。如果他认为你是在说服他，他的自我意识就会变得更为强烈，而不易与你看法一致。即使你说得天花乱坠，头头是道，在他看来你也只是在为你自己的个人利益进行的一场表演而已。这样，就别指望让他听取你的高见了。

如果此时你能使用“我们”这一字眼，会立刻使人认为你们就是一体，是利害与共的。于是，原本坚强的心理防御堡垒也会倒下，而在不知不觉中接受你的意见。对于自我意识较强的人，更适合采用这种方式来说服他。

美国有一家玻璃器皿公司，宁愿放弃零售商店而采用家庭聚会的方式直销，使其每天的销售量超过了250万美元。他们的方法是：聚会主人召集一些朋友，满面春风地和大家聊天，为大家端茶送水，然后不失时机地要求大家购买产品。尽管大家都知道从卖掉的每一件东西里，主人可以分得一定利润，但在聚会的环境下，大家因为与主人的友谊而滋生了温情、安全感和责任心，并产生对产品的好感，就会心甘情愿购买，或者因为不好意思拒绝而购买。这就是因为在家庭聚会的气氛下，公司使顾客对自己产生了“自己人”的感觉，这样，卖东西就容易多了。

人际交往中有许多可以制造“自己人效应”的小技巧。

我们知道，两个人初次见面，经常会询问籍贯、学业之类的问题，有时候会惊喜地发现对方是自己的老乡或校友，这样，就可以套套近乎，拉近彼此的心理距离。接下来，如果有什么事想要对方帮忙，也会容易多了。这样的人际交往中，其实人们已经不知不觉地利用了“自己人效应”。

所谓“老乡见老乡，两眼泪汪汪”，我们知道，同乡关系是人际关系中比较牢固的纽带。在很多大学里，都有老乡会、联谊会等组织，就是通过同乡关系把同一地方的学生召集在一块，相互帮助、联络感情、加强交流。同乡关系会给人温馨的感觉，使双方更容易建立信任感，因此一旦知道对方是自己的老乡，千万别放过这个机会，一定要点出来，说不定可以让对方对你一见如故。

另外，我们和陌生人交往，还可以利用寒暄来制造“自己人”的感觉。即使有正事要办，我们的开场白也不一定要直奔主题，尤其是中国人性格比较含蓄、中庸，谈话经常是兜兜转转地迂回前进，这样更容易营造“自己人”的效果。比如我们在和对方谈正式事情之前，可以使用家常式开场白，像朋友那样闲聊：“今天天气不错啊，是个好天”、“对面街新开了一家水煮鱼餐厅，听说味道不错哦’’等。当对方进入一种放松的状态，解除了心理武装，我们就可以慢慢把话题再绕到正事上面。

还有一些方法，比如，可以从对方的外貌谈起。几乎每个人都重视自己的外貌，如果你提到这个，他一定会感兴趣，想了解别人是怎么看待他的长相的。

再比如，甲对乙说：“你太像我的一个表兄了！刚才差点把你认成了他——你俩都高个头，白净脸，有一种沉稳之气……哎呀，穿的衣服也太像了，都是深蓝色的西服……我真有点分不出你们俩了。”“真的？”乙问道。接着，他们的话匣子一下子就打开了。

当知道了对方的名字，如果能够进行恰当的剖析，可能会出乎预料地拉近你们的距离。比如碰到一个叫“建领”的人，你可以谐音地称道：

“高屋建瓴，顺江而下，可攻无不克，战无不胜，可谓意味深远呀！”还比如，遇上一位叫“细生”的人，你又可随口吟出“随风潜入夜，润物细无声”的诗句。你要是懂点算命的理论，还可以用一种算命者的口吻来剖析对方姓名，引出大富大贵、前途无量之类的话，会让对方感到高兴。

针对事业有成的高层管理人员，则有一个拉近彼此距离的百试不爽的问题：“您是怎么入这一行的呢？”成功人士大都喜欢和人谈论自己的奋斗历程，并从中获得一种成就感。当他和你追忆过往时光的时候，会不自觉地把你视为知己。

为了在人际交往中制造自己人效应，还需要一定的人格魅力。心理学研究证明：具备开朗、坦率、大度、正直、实在等良好个性品质的人，人际影响力就强；反之，有傲慢、以自我为中心、言行不一、欺下媚上、嫉贤妒能、斤斤计较等品质的人，不受欢迎，也就缺少人际影响力。

心理学要点：

在其他条件大体相同的条件下，所谓自己人之间的交往效果一般会更为明显，其相互之间的影响通常也会更大。因为是自己人，所以会感到相互之间更加容易接近。而这种相互接近，则通常又会使交往对象之间萌生亲切感。

名字效应：善于记住别人的名字，既是一种礼貌，又是一种感情投资

国外有一则格言说，人对自己的名字比对地球上所有名字的总和还要感兴趣。一旦掌握到人们的这种心理，就可以加以利用。

卡内基被称为钢铁大王，他成功的原因究竟在哪里呢？实际上他对钢铁的了解并不比一般人多。他成功的原因，是由于他知道怎样为人处世。小时候，他就表现出组织的才华和领导的天才。等到十岁的时候，他发现了人们把自己的姓名看得惊人的重要，而他利用这项发现赢得了别人的合作。当他还是个苏格兰小孩的时候，他抓到了一只母兔子。后来他发现了一整群小兔子，却没有东西喂它们。他想出了一个很妙的法子——他对邻居的孩子们说，如果他们能找到足够的苜蓿和蒲公英喂饱那些兔子的话，就可以用他们的名字命名那些兔子。这个法子太灵验了，所有的兔子都活了下来。卡内基对此一直不能忘怀。好几年之后，他用同样的方法赚了好几百万美元。有一次，他想把铁轨卖给宾夕法尼亚铁路公司，而该公司当时的董事长是艾汤姆森。因此，卡内基在匹兹堡建立了一座巨大的钢铁厂，取名为汤姆森钢铁厂。当汤姆森听到这一消息时，他觉得自己很受重视，得到了尊重，便很高兴地和卡内基签了合同。

谁都希望自己能够被人记住，谁都希望自己的名字受人重视。留心记住那些看来对你有用的人的名字，这不仅仅是礼貌的问题，而是你不

知道在什么时候你就可能需要他的帮助。

人一生下来，父母就会费尽心思地设法取个好名字。观察一下，每个人都十分看重别人对自己名字的认识。当一个陌生人能叫出你的名字时，你就会马上产生似曾相识的感觉。

名字是一个人的记号，代表着一个人的一切，荣与辱，成与败，高贵与卑贱。你的名字也是你不同于他人的一个重要特征。俗语说："人过留名，雁过留声。"可见，名字会使人的声誉传得很久、很远。对于一个人来说，名字是所有语言中最突出、最动听的声音，清清楚楚地把它叫出来，就是对他人的赞美，就会获得他人的好感。

社会是复杂的，和人打交道是一件很奇妙的事情。有很多方法可以让我们在和别人交往时游刃有余，得心应手。记住别人的名字并在适当的时候叫出他，也是需要我们掌握的一项和人交往的技巧。这是人际交往中的最基本的礼貌，我们会因记得对方的名字而获得别人的好感，而且有时还会得到意想不到的收获。

记住人们的名字，而且很轻易就能叫出来，等于给予别人一个很巧妙而又有效的赞美。但如果把别人的名字忘掉或者写错，你会处于一种非常不利的地位。

那么，如何记住人的名字呢？

卡内基的技巧非常简单，如果他没有听清楚对方的名字，就说："抱歉。我没有听清楚。"如果碰到一个不常见的名字，他会问怎么写法；在谈话的时候，他会把那个字重复说几次，试着在心里把它跟那个人的特征、表情和一般容貌记在一起；如果对方是个重要人物，他就把那个人的名字写在纸上，聚精会神地仔细瞧着，深深地留下印象。然后，再把那张纸条撕掉。就这样，他对那个名字就不仅有一个耳朵的印象，而且还有眼睛的印象。

做什么都要付出代价，记住那些人的名字需要花费些时间和精力，因为我们遇见的人很多，辨别他们需要一定的时间。但这样的代价是值得付出的，正如爱默生所说的：“礼貌是由一些小小的牺牲组成的。”

杰姆很小时就失去了父亲，作为家里的长子，他 10 岁就到砖厂去工作，从未有机会接受教育，但后来他取得了巨大的成功，美国 4 所大学赠他学位，他成为民主党全国委员会主席，美国邮政总监。杰姆最大的才华在于他能叫出 5 万人名字，无论什么时候他遇见一个陌生人，他都要问清那人的姓名，家中人口，职业特征，当他下次再遇见那人时，哪怕是一年以后，他也能拍拍那人的肩膀，问候那人的妻子儿女，问问对方后花园的花草，难怪他能获得如此多人的认同。

因此，如果你要获得好感，记住他人的姓名并十分容易地喊出，就会很快拉近了你和这个人的距离，为你们进一步交往打下了一个很好的基础。

名字作为每个人特有的标识，是非常重要的。所以，准确地记住别人的名字，不仅是对他们的尊重和对他们的重视，同时也让别人对你产生更好的印象。

人际交往中，记住别人的名字是以后成为朋友、合作伙伴的第一步。

心理学要点：

对自己的名字特别重视，是人们普遍的心理特征。在交往中，如果你能熟记别人的名字，无形中能为你的形象加分。当然了，忘记别人的名字则是交际大忌。谁愿意跟一个连自己名字都不知道的人加深交往呢？

相互吸引定律：人们都喜欢跟喜欢自己的人交往

人大概都有一些自恋情结。在这个世界上，你最爱的人是谁？恐怕大部分人都会回答是——自己。

这种情况一点也不奇怪，符合人的自我中心的本性。比如，如果别人喜欢我们，就比较容易赢得我们的喜欢，而不管他客观上是怎样的人。当然，我们说的是大多数人的情况，而不是所有人。

看看你身边的人，你想过你喜欢的人通常具有哪些特征吗？你喜欢他们，是因为他们漂亮？还是因为他们聪明？或者是因为他们有社会地位？

心理学的研究表明，我们通常喜欢的人，是那些也喜欢我们的人。他们不一定很漂亮、很聪明，或者很有社会地位，仅仅是因为他们很喜欢我们，我们也就很喜欢他们。这个规律就叫做相互吸引定律。

那么，我们为什么会喜欢那些喜欢我们的人呢？因为喜欢我们的人使我们体验到了愉快的情绪，一想起他们，就会想起和他们交往时所拥有的快乐，自然就有了好心情。而且，那些喜欢我们的人使我们受尊重的需要得到了满足。因为他人对自己的喜欢，是对自己的肯定、赏识，表明自己对他人或者对社会是有价值的。

有这样一句话："什么是好人？对我好的就是好人。"其实这种观点是很有代表性的。人们大多是以这个标准来衡量周围的人的。

有些人很善于利用这个心理效应赢得别人的好感。那就是，为了得到别人的认可，就表现出喜欢对方的样子。比如推销员，他每天要面对许多从未谋面的人，他也许并不了解那些人，但是，他必须表现出对对方的喜欢，这是为了让对方也喜欢他、接受他，他的生意才好做。

可以说，这个规律在社交场合很具有实用价值。这是赢得别人好感的捷径。你可以经常表现出对别人的兴趣，这就表明对对方有好感，就很容易赢得对方同样的情感回报。

为什么说这条定律是来源于人的自恋心理呢？因为当人们发现一个人喜欢自己，不管对方客观情况是怎样，是否具有让自己喜欢的特点，也会无条件地喜欢对方。人们大概会想，既然对方喜欢自己，那么一定是他在某些方面和自己相似，认可自己的为人和某些特点，那么自己有什么理由不同样喜欢对方呢？

这种心理规律，在某种程度上，也和人们的自信缺乏有关。

一个人如果自我尊重程度较强、较为自信，那么别人表示出来的对他的喜欢和赞扬，对他的影响就不是很大，人际吸引的相互性原则对他的作用也就不是很大。而那些具有较低自我尊重的人，往往不喜欢那些给他们否定性评价的人，因为他们极不自信，所以特别需要别人的肯定，特别看重别人表达的对自己的喜欢。

在实际生活中，严格地讲，没有人是完全自信的，因此大多数人都特别需要别人对自己的肯定。

在生活中，有很多这样的情况，就是两个人的相互喜欢是由一个人对另一个人的单方面喜欢开始的。比如，一个女孩开始时对一个男孩并没有多少好感，但是这个男孩子表现出了对她特别喜欢的态度，使这个女孩久而久之也对这个男孩动心了，最后接受了他的追求。

当然，这个规律也不是绝对的：有时我们喜欢某个并不喜欢我们的人，相反，我们不喜欢的人有时却很喜欢我们。我们只能说在其他一切方面都相同的情况下，人有一种很强的倾向，喜欢那些喜欢我们的人，即使他们的价值观、人生观都与我们不同。

心理学要点：

自恋情结是人的一种正常的心理行为，每个人都或多或少有一些。正源于此，我们通常所喜欢的人，多是那些也喜欢我们的人。尽力表现出你对他人的喜欢，自然也易于获得他人的喜欢。

02 待人处世心理学：怎样赢得他人的友谊

学会尊重：我们只有尊重别人，才会得到别人的尊重

获得尊重是每个人潜在的心理需求，尊重是相互的，你想要得到别人的尊重，那么你先要学会尊重别人。一个不尊重别人的人，是绝不会得到别人的尊重的。在人们的交往中，你待人的态度往往决定了别人对你的态度，就像一个人站在镜子前，你笑时，镜子里的人也笑；你皱眉，镜子里的人也皱眉；你对着镜子大喊大叫，镜子里的人也冲你大喊大叫。所以，我们要获取他人的好感和尊重，首先必须尊重他人。

要做到尊重他人，首先必须平等地对待每一个人。从心理学上分析，人都有友爱和受尊敬的欲望，交友和受尊重的希望都非常强烈。人们渴望自立，成为家庭和社会中真正的一员，平等地同他人进行沟通。如果你能以平等的姿态与人沟通，对方会觉得受到尊重，而对你产生好感；相反地，如果你自觉高人一等、居高临下、盛气凌人地与人沟通，对方会感到自尊受到了伤害而拒绝与你交往。

记住，千万不要伤害对方的自尊，否则，受损失的一定是你自己。有一位中国留美学生，他常在课余时间帮一家餐馆洗碟子。厨房的监督是一位典型的美国人，很慷慨，但也很唠叨。他常在留学生工作时站在旁边“演讲”：“你太幸运了，我们的政府批准了你来这里读书，现在我又给你一份工作和许多食物，使你连饭钱都省下了……”有一次，这位监督又重复这话时，留学生站起身指着对方说：“再说下去，我就一拳

打扁你的鼻子。”从此后，监督再也没有发表类似的“演讲”了，因为他知道了不尊重别人的后果。

与人相识相交，最重要的一条就是要学会尊重、坦诚相待，有道是“人敬我一尺，我敬人一丈”，我们只有尊重别人，才会得到别人的尊重。尊重别人的个性其实是一种包容，我们要相信别人只是遵循了自己的生活方式，表现出自己的这个样子而已。尊重他人是一种素质、是一种修养、是一种智慧、是一种胸怀，它体现理解、体现信任、体现团结、体现平等。学会尊重别人可以给人以自信，给人以力量和温暖。

在美国印第安保护区有个原始部落，每逢部落集会时有个规定，就是得赤身裸体地一起活动，这个特别的风俗，让他们饱受外人的白眼与嘲笑，但即使如此，他们仍然不愿改变这个传统。

有一年，这个原始部落发生瘟疫，全部的族人几乎都被感染，于是他们决定到邻近的城镇里，邀请一位当地的医生前来帮助他们治病，然而这位医生一想到他们的传统，便感到相当为难，但是，看着跪在地上的求助者，医生的使命感与责任感不断地激起，最终他还是勉强地答应了。为了迎接医生的到来，原始部落的族人们紧急开会，决定为了尊重这位名医，他们破例穿上衣服。这天，所有人都穿上特别的衣服，有的人甚至打上了领带，聚集在教堂里，等待医生的到来。悠扬的钟声响起，医生缓缓走了进来，然而眼前的情景，却让在场的每一个人都愣住了，这也包括医生本人，因为，当医生背着沉重的医疗器材走进来时，身上居然一丝不挂。

多么温暖的一则小故事，生命里还有什么比为了帮助对方，而迁就对方立场更让人感动的呢？我们都在追求幸福与快乐的生活，但是，什么是真正的幸福？怎样才能享受真正的快乐呢？只要用心，我们就能享受真正的快乐与幸福。因为，人与人之间有着绝对的互动关系，那就像弹力球一样，你用多大的力把它打到墙面，球体便会以相同的力道，从墙面上弹射回来。故事里的部落族人与医生，心中都默默地牢记着尊重别人，也自然而然地行动了。

尊重，是一种修养、一种品格、一种对别人不卑不亢的平等相待、一种对他人人格与价值的充分肯定。任何人都不可能尽善尽美、完美无缺，我们没有理由以高山仰止的目光审视别人，也没有资格用不屑一顾的神情去嘲笑他人。假如别人在某些方面不如自己，我们不能用傲慢和不敬去伤害别人的自尊；假如自己在有些地方不如他人，我们不必以自卑或嫉妒去代替应有的尊重。一个真正懂得尊重别人的人，必然会以平等的心理、平常的心情、平静的心境，去面对所有事业上的强者与弱者、所有生活中的幸运者与不幸者。

也只有尊重别人，人家才会向你敞开心扉，与你交往、也只有学会尊重别人，你才会有真正的朋友。

心理学要点：

人敬我一尺，我敬人一丈。与人相识相交，最重要的一条就是要学会尊重，坦诚相待。

投射效应：设身处地体会他人的感受，同时也要了解其真正的需求

以自己的想法揣度别人，认为自己具有某种特性，他人也一定会有与自己相同的特性，把自己的感情、意志、特性投射到他人身上并强加于人的一种认知心理，是所谓的“投射效应”。

心理学研究发现，投射效应是一种普遍的心理现象，人们喜欢不自觉地把自己的心理特征归属到别人身上，比如，个性、好恶、欲望、观念、情绪等。这种心理反应到人际交往中，就表现为常常假设别人与自己具有相同的特性、爱好或倾向等，认为别人理所当然地知道自己心中的想法。而这种效应，正是我们应该注意避免的。

一只小白兔结交了新朋友小山羊，小山羊邀请小白兔到家中做客，小白兔高兴地答应了。回到家中，小白兔就想：第一次去别人家做客应该准备点见面礼，于是小白兔特意挑选了几个又甜又大的胡萝卜，准备送给小山羊。第二天，当它到小山羊家把胡萝卜拿给小山羊时，小山羊面露难色。于是小白兔就说：“这胡萝卜可甜了，是我最爱吃的食物，你肯定也会喜欢的。”小山羊不好意思地说：“谢谢你小白兔，可是我们山羊是不吃胡萝卜的啊！”

当然，推己及人，用自己的心意去推想别人的心意，设身处地地去体会别人的切身感受，这固然是件好事，但如果只是自己一厢情愿，那

就达不到你想要的效果。

在现实生活中，很多人都存在好心办了坏事的情况。比如，谈论自己擅长但别人却并不感兴趣的话题，送礼送自己喜欢的却没考虑到别人真正需要什么。在人际交往中，我们一定要避免这种尴尬出现。

一次，一位文学青年去拜访一位作家，因为自己喜欢喝茶，而且周围喜欢文学的朋友都有喝茶的习惯，所以这位年轻人特地买了上等的西湖龙井准备送给这位作家。

一进门，年轻人就满脸堆笑地把茶递给了作家，作家客气了一番，就把茶放在了茶几上。年轻人见作家对这么好的茶都没有任何表示，就主动拿起茶，问道："我想您老一定喜欢喝茶，所以特地托朋友从杭州带来了这种特级龙井茶，这种茶和普通的茶不一样，它的原材料很讲究……"还没等作家开口，年轻人就开始长篇大论地谈论起品茶的心得。本以为自己的一番陈述会引起作家的共鸣，得到作家的认同，没想到等他好不容易说完后，作家淡淡地笑道："真不好意思，我不太爱喝茶，所以对茶叶方面的东西没有什么研究，你刚才说的那些我都不了解。"

年轻人一听，傻眼了，自己不但没有赢得作家的好感，反而还在作家不懂的领域大谈特谈，自己也相当尴尬。后来年轻人知道，不是每一个作家都爱喝茶的，自己喜欢的事并不一定所有人都会喜欢。自己喜欢某一事物，就认定别人也喜欢，于是，在跟他人谈论话题的时候，总是离不开这件事，不管别人是不是感兴趣、能不能听进去。这是一种对认知缺乏客观性的表现，把自己的感情投射到一些事情上进行美化或丑化，就失去了人际沟通中认知的客观性，从而导致主观臆断并陷入偏见的泥潭。

你的一厢情愿只会换来别人的满不在乎，甚至自己的好心被他人当成驴肝肺。但这不是别人的错，原因在你自己身上。没有事先做好充分的调查就行动，按自己的主观臆想去办事，肯定会碰钉子，结果往往事半功倍。

推己及人可以，但不能一厢情愿，要设身处地地体会别人的感受，要清楚别人真正需要的、真正想要的是什么，才能一击即中，才能让自己变为交际群体中最受欢迎的那一个。

心理学要点：

推己及人，用自己的心意去推想别人的心意，设身处地地去体会别人的切身感受，这固然是件好事，但如果只是自己一厢情愿，那就达不到你想要的效果。

超限效应：说话做事要注意对方的心理承受度，不要适得其反

著名作家马克·吐温有一次在教堂听牧师演讲。刚开始，他觉得牧师讲得很好，很感动，准备听完以后捐款，并掏出自己所有的钱。

过了10分钟，牧师没有讲完，马克·吐温有点不耐烦了，就决定只捐一些零钱。又过了10分钟，牧师还没有讲完，马克·吐温很不满意，决定一分钱也不捐。到牧师终于结束长篇演讲开始募捐时，马克·吐温由于气愤，不仅没有捐钱，还从盘子里拿走了两元钱。

马克·吐温的这种行为，是因为牧师的演讲令他感到过度和不耐烦，从而引起他心埋上的“超限效应”，产生了与开始时相反的心理反应。

超限效应告诉我们，人的心理对任何情绪都有一个承受的极限。我们说话做事要注意对方的心理承受度，不要因为过度而产生适得其反的效果。

生活中常有这样的现象：一个妈妈三番五次地对孩子说“你要将你的屋子收拾干净”，可孩子将妈妈的话当成耳旁风，屋子杂乱依旧；妻子不知疲倦地提醒丈夫“你该戒烟了”，可丈夫“恶习”不改，照样“吞云吐雾”；公共汽车一停，售票员一遍又一遍地提醒乘客“请看好自己的物品”，然而乘客依然漫不经心，被盗事件屡屡发生……

过犹不及，凡事适度最好，一旦超过一定限度，事情就会向相反的

方向转化。超限效应提醒我们，我们说话做事如果超过了对方的心理限度，让对方感到过度，就会产生厌烦的心理现象。因此，无论是在公众场合讲话还是在人际交往中讲话，都要注意简练，不要罗嗦。

譬如，你在做一场报告，或是一场演讲，要避免让听众感到不耐烦。你应该在 3 分钟内进入你的主题，并以你的魅力抓住听众。整个演讲的过程要逻辑清晰，层层推进，还要设计语调和意境的变化。演讲的重点内容要在 30 分钟内讲到，主讲内容要控制在 40–50 分钟。时间一长，听众的精神就会疲劳，注意力会分散。有一种人被称作“麦霸”，就是很恋麦克风，喜欢拖场，却不知他后面的信息已经很难被听众接受了。学校里的一堂课之所以设计为 40~50 分钟，正是基于超限效应的原理。

在与其他人的私人交际中，同样要注意节奏，控制时间，重要的内容要在前面的 30 分钟充分交流，切忌铺垫太长。如果你发现对方已经开始看表，或者注意力开始分散，东张西望，你的谈话就要准备收场了。

超限效应在家庭教育中经常发生，是需要家长们格外注意的。比如当孩子不用心而没考好时，父母会反复对一件事作同样的批评，使孩子从内疚不安变成不耐烦，最后产生反感，被“逼急”了，就出现“我偏要这样”的反抗心理和行为。

曾经发生过这样一件事，给我们敲醒了警钟：某学生学习不好，每天母亲总是抓住他的缺点不放，放大了，重复地批评。一天，孩子忍受不了母亲的唠叨，竟向母亲挥起了拳头。

为什么会发生这样的悲剧呢？从心理角度上讲，批评一次，孩子已经得到了应有的惩罚，这个惩罚的效用最大，但是在第 2 次，还是同样的内容，厌烦程度在孩子心里开始倍增，惩罚的效果开始递减。如果再来个第 3 次、第 4 次……那么批评的积极作用就消失殆尽，即使没有达到案例中不可收拾的地步，惩罚也打了好几个折扣了。

看了这个故事，不管是家长还是教师，对那些“吵皮了”的学生发出一声叹息的同时，是否应反思一下自己，对学生的批评是否太猛烈了呢？理解了这些道理，就不难理解为什么有的老师惜言如金，却能得到学生的尊重了。

在工作中，上下级或者同级之间的相处也存在同样道理。指导你的下属或者帮助你的同事，也要讲究艺术。针对一个问题，可能是他的一个毛病，也可能是你给他的一个建议，要抓住一次机会深深地说透，然后给他时间让他领会和接受。过一段时间他还没有改变的话，可以再找一个非正式场合提醒他，点到为止，同时做出想耐心倾听他意见的样子。如果他没有反驳，就可以说明他是会接受的，以后你要做的就是在时间上给他一些压力，促使他尽快改变，在类似的事情即将出现的时候提前给一个提醒，帮助他克服。

作为管理者，切忌就一个问题在短时间内三番五次地跟别人讲，反复地强调。这样，你很容易得到“婆婆妈妈”的雅号，还会让对方对你产生厌烦和逆反的心理，不利于你们日后的沟通与共事。

超限效应对广告宣传也有启示意义。一个创意很好的广告，第 1 次被人看到的时候，会令人赏心悦目；第 2 次被人看到的时候，会让人用心注意到他宣传的产品和服务。但如果这样好的广告在短时间内大密度轰炸，则可能令人产生厌恶之感。所以，广告宣传虽然需要有一定的密度，需要从多维度刺激消费者的感官，但也要适可而止。

一旦意识到了超限效应的存在，我们更应在日常交际中注意自己的言行。人同此心，说的还是这个道理。既然你自己都有此感受，想想别人的心理，肯定也是一样。

心理学要点：

任何东西过度了都是不好的。我们说话做事，不要达到让人厌烦的地步，那样不但起不到应有的效果，还可能起反作用。

宽容之心：要有宽阔的胸襟，对他人不能苛求

人要有宽容之心。当我们抓起泥巴准备抛向别人时，首先弄脏的是我们自己的手；当我们拿鲜花送给别人时，首先闻到花香的是自己。

宽容是一种胸怀、一种睿智、一种乐观面对人生的勇气，也是利人利己的法宝。不宽容是一把双刃剑，是通过惩罚别人的错误而惩罚自己。宽容的受益者不仅仅是被宽容的人，宽容别人就是解放自己，还自己心灵一份纯净快乐。

宽容别人一次，自己的精神得到一次升华；被别人宽容一次，自己的灵魂就得到一次洗涤。生存需要竞争，生活需要宽容。互相宽容的朋友一定百年同舟；互相宽容的夫妻一定百年共枕；会宽容的人，心灵必然纯净，生活必然快乐。

古时候有位老禅师，一天晚上在禅院里散步，突见墙角边有一张椅子，他一看便知有位出家人违反寺规越墙出去溜达了。老禅师也不声张，走到墙边，移开椅子，就地而蹲。不一会儿，果真有一小和尚翻墙，黑暗中踩着老禅师的背脊跳进了院子。当他双脚着地时，才发觉刚才踏的不是椅子，而是自己的师父。小和尚顿时惊慌失措，张口结舌。但出乎小和尚意料的是师父并没有厉声责备他，只是以平静的语调说："夜深天凉，快去多穿一件衣服。"

老禅师宽容了他的弟子。他知道，宽容是一种无声的教育。

心理学家指出：适度的宽容，对于改善人际关系和身心健康都是有益的。大量事实证明，不会宽容别人，亦会殃及自身。过于苛求别人或苛求自己的人，必定处于紧张的心理状态之中。紧张心理的刺激会影响内分泌功能，而内分泌功能的改变又会反过来增加人的紧张心理，形成恶性循环，贻害身心健康。有的过激者甚至失去理智而酿成祸端，造成严重后果。而一旦宽恕别人之后，心理上便会经过一次巨大的转变和净化过程，使人际关系出现新的转机，诸多忧愁烦闷可得以避免或消除。

宽容，意味着你不会再为他人的错误而惩罚自己。

第二次世界大战期间，一支部队在森林中与敌军相遇，激战后两名战士与部队失去了联系。因为这两名战士来自同一个小镇，所以在激战中还能互相照顾，彼此不分。两个人在森林中艰难跋涉，他们互相鼓励、互相安慰。

可是，10 多天过去了，他们仍未与部队联系上。幸运的是，他们打死了一只鹿，依靠鹿肉又艰难度过了几天。可也许是战争使动物四散奔逃或被杀光，这以后他们再也没看到过任何动物。他们仅剩下的一点鹿肉，背在其中一个年轻战士的身上。这一天，他们在森林中又一次与敌人相遇，经过再一次激战，他们巧妙地避开了敌人。

绝处逢生，两个人大大地松了一口气，就在他们自以为已经很安全的时候，只听一声枪响，走在前面的年轻战士中了一枪，幸亏伤在肩膀上！后面的士兵惶恐地跑了过来，他害怕得语无伦次，抱着战友的身体泪流不止，并赶快把自己的衬衣撕下包扎战友的伤口。

晚上，未受伤的士兵一直念叨着母亲的名字，两眼直勾勾的。他们都以为他们熬不过这一关了，尽管饥饿难忍，可他们谁也没动身边的鹿肉。天知道他们是怎么过的那一夜，第二天，部队救出了他们。

后来，他们一直是最好的朋友，直到 30 年后，那位没有受伤的战士去世了。那位受伤的战士安德森才说出了这样一个秘密："我知道谁开的那一枪，就是我的战友。当时在他抱住我时，我碰到他发热的枪管。我怎么也不明白，他为什么对我开枪？但当晚我就宽容了他。我知道他想独吞我身上的鹿肉，我也知道他想为了他的母亲而活下来。此后30年，我假装根本不知道此事，也从不提及。战争太残酷了，他母亲还是没有等到他回来，我和他一起祭奠了老人家。那一天，他跪下来，请求我原谅他，我没让他说下去。我们又做了几十年的朋友，我宽容了他。"

人生活在社会中，并非踯躅独行，在熙熙攘攘、摩肩接踵之中，难免会有磕磕碰碰。倘若气量狭窄、睚眦必报，不仅会给彼此的成功增添不少麻烦，而且必会致气郁于胸，日久成疾，对自己实在是莫大的伤害。《菜根潭》上说："处世让一步为高，退步即进步的张本。待人宽一分是福，利人是利己的根基。"真是一语中的。凡事退一步，就为自己的前进清除了前行的障碍；对人让一分，才会有利人利己的双赢。宽容别人其实就是宽容自己，一个人只有心胸豁达、气度超然、肯于宽容别人，才能为自己的成功铺就一条宽阔的道路。

宽容是一种博大，它能包容人世间的喜怒哀乐。只有宽容，才能愈合不愉快的创伤；只有宽容，才能消除人为的紧张。

但是，有一点要指出的是，宽容绝不是无原则的宽大无边，并不意味着对恶行的迁就和退让，也非对自私自利的鼓励和纵容，而是建立在自信助人和有益他人基础上的适度宽大。谁都可能遇到形势所迫的无奈、无可避免的失误、考虑欠妥的差错，面对这种情况应该宽容；而对于那些蛮横无理和屡教不改的人，则不应该手软。

心理学要点：

宽容别人其实就是宽容自己，一个人只有心胸豁达、气度超然、肯于宽容别人，才能为自己的成功铺就一条宽阔的道路。

让步效应：给人以心理上的台阶，让他觉得占到了便宜

心理学家认为，在日常生活中，在向别人提出自己真正的要求之前，先向别人提出一个大要求，待别人拒绝以后，再提出自己真正的要求，会让别人愉快地接受。这好比在他人的心里搭建一个阶梯，给别人留有缓和的余地。

一架班机在即将着陆时，空姐忽然报告：由于机场拥挤腾不出地方，飞机暂时无法降落，着陆时间将推迟一小时。顿时，机舱里乘客们响起一片喧嚷抱怨之声。尽管如此，乘客们也不得不做好思想准备：在空中等上这令人难熬的一小时。

谁知几分钟之后，空姐又向乘客宣布：晚点时间将缩短到半个小时。听罢这个消息，乘客们都如释重负地松了口气。又过了几分钟，乘客们再次听到机上的广播说："最多再过三分钟，飞机即可着陆。"这一下，乘客们纷纷喜出望外，拍手称庆。虽然飞机最后仍是晚点，但乘客们反而感到庆幸和满意。

空姐对乘客的这种提前预告，使乘客的心理一次次减负，虽然最后还是延迟了三分钟，但乘客却相当开心，因为他们不必等一个小时了。这就是一种让步效应的反应。

在人际关系中，懂得运用让步效应的人是聪明的，因为这样会给人

造成错觉，让别人觉得占了便宜，你的目的就会轻而易举地达到。很多商家就是利用了这种效应从而取得了较大的商业利润。如每到节假日，商家就会打出全场打折的促销手段。人们看到打折后的价格和原价的差别，就认为自己在这时候买东西是占了大便宜，便不假思索地大肆购买。商家正是看到了人们的这种心理，很好地利用了让步效应，最后赚得盆满钵满。

德信公司开发了一个新产品，致远公司得知这个消息后想得到此产品的经营权。这是一次难得的好机会，德信公司决定让谈判高手刘天能代表德信去与对方协商价格。

刘天能是谈判老手，很懂谈判的策略。一般他会先得到自己公司可以给出的最低价格，然后会在一开始给对方开出一个比这个最低价格高出30%的价格。然后在谈判过程中慢慢让步，当然，他的让步是很小的，这样就不会让对方觉得自己的价格太虚。终于，在价格下降10%之后，对方觉得不亏，就会答应签订经销协议。此招屡试不爽。这一次，致远公司也是因此谈成。自己公司的利益得到了，对方也觉得占了便宜。

给顾客一个讲价的空间，就能很轻易地谈成交易，这就是“让步效应”的神奇功效。所以，做生意的人一定要学会出高价，让顾客有砍价的余地，给顾客一个可以下的台阶，让顾客满意买走东西的同时，自己也赚取了相当的利润。

有时你拒绝了别人的要求，但又会因为自己没有能够帮助别人，辜负了别人对自己的良好期望，会感到一点内疚。这时，为了在别人心中保持“乐于助人”的良好形象，也达到自己的心理平衡，你可以满足一些比之前那个要求小一些的要求，这样别人同样会感激你。总之，掌握好让步效应的人，才会在人际交往中如鱼得水。

心理学要点：

先向别人提出一个大要求，待别人拒绝以后，再提出自己真正的要求，会让别人愉快地接受。这好比在他人的心里搭建一个阶梯，给别人留有缓和的余地。

吃亏不亏：做人做事应该明里吃亏、暗中得利

人们相互交往，有得大于失，也有失大于得，显而易见，大多数人都倾向于寻求前一种关系，对于后者，则倾向于疏远和逃避，甚至中止这种关系。只有当别人觉得与你交往是值得而获利的，他们才会乐意与你结交。了解了人们的这种心理，就要求我们在必要的时候能做出一些自我牺牲。这种自我牺牲也是以进为退的技巧，看起来好像自己吃了点亏，但会因此获取别人的好感，赢得好人缘，以后发展的道路也将被拓宽。所以说，吃亏并不是真的吃亏，这是对人们心理上的一种隐性投资。

岛村芳雄是日本一位著名的商人。他开始在一家包装材料厂当店员，后来改行做麻绳生意。为了在激烈的竞争中开拓自己的市场，岛村芳雄开始了他独特的“吃亏经营”方式。

岛村芳雄以 5 角钱的价格到麻绳厂大量购进麻绳，然后他一分不赚地按原价卖给附近的工厂。因为他的价格是最低的，所以赢得了许多客源。他就这样完全无利地经营了一年的麻绳，日子久了，“岛村的绳索确实便宜”的名声远播，订货单从各地雪片般飞来。岛村没有一直保持现状，他开始积极作为。于是他拿之前的收据存根去找麻绳厂商洽谈：“你们卖给我一条 5 角钱，我一直是原价卖给别人，没有赚一分钱。这赔本的生意再继续做下去，我只有关门倒闭了。我手上的客户最多，如果你们不想失去我这个老客户，应该做出些表示吧？”

厂方一看他开给客户的收据，知道他没有说谎，这样甘愿不赚钱的生意人，麻绳厂还是第一次遇到，于是毫不犹豫地一口答应他一条少算5分钱。

岛村又拿着购货收据到订货客户处说："我之前是按原价卖给你们的，但是这样让我继续为你们服务的话，我便只有破产一条路可走了。"客户听后为他的诚实所感动，甘愿把交货价格提高为5角5分。

如此一来，岛村每条麻绳就净赚1毛钱。创业两年后，岛村就成了为誉满日本的成功生意人。他这种吃亏的营销策略，就是商界著名的"原价销售术"。

就这样，岛村以这种先赔钱获得客源和厂商后创造利润的经营理念来与别人竞争，生意越做越大，投资领域越来越广，后来他一手创建了日本东京岛村产业公司。

由此可见，"吃亏"会让你赢得别人对你的尊重和信赖。做出自我牺牲，别人才会觉得你大度、重感情，这样你在人际中的地位就会逐渐上升。没有人愿意同一个斤斤计较、爱占小便宜的人交往。所以一个人如果凡事都抱着不吃亏的态度，其实是一种目光短浅的行为。

主动吃一点亏，让别人得一点利，从长远来看，你得到的远远比失去的多。如果你能满足人们的这种心理，就一定能获得他们的好感和信赖，这对以后你们之间的交往非常有利。

曲经理在陕西开了一家机电设备公司。一次，一个多年的老客户来买电器配件，他查遍了公司的库存，就是没有这个配件。这位客户非常着急，因为没有这个配件，他所在的企业就面临停工，而如果停工，将损失惨重。

看到这位老客户如此着急，曲经理不停地安慰客户，并承诺24小时之内帮他把货全部送到。这位老客户刚走，曲经理便亲自出马打车直奔西安供货方。谁知，西安也没货了。没办法，他只好连夜乘飞机到广东，在那里连续联系了十几个相关厂家之后，终于找到了这个电器的配件。

拿到电器配件之后，他不顾饥饿与疲劳，马不停蹄地回到了陕西，交到了客户手里。这次生意对于曲经理来说，不仅没赚钱，还赔了不少。本来几十元的利润，却花去了他很多的交通费。

但是曲经理也因为这次小小的损失，而获得了更多。第二天，客户所在的企业就专程送来牌匾，还带上当地媒体来采访他，宣传他为顾客着想的事迹。就这样，曲经理的美誉度大为提升，公司的生意自然越来越红火了。

如果你能够不计较个人得失，多为客户的利益着想，那么你必然能够赢得对方的信任，同时还有好的口碑，生意当然会越做越大。平心静气地对待吃亏吧，这会为你在人际交往中带来更丰富的人脉资源，赢得更多真心帮你的朋友。

需要注意的是，在你吃亏的时候，不要表现出施舍的样子，没有人会接受着这样的便宜，还要注意不要急于获得回报。当然，只愿付出、不求回报的人是很少的，但是，急于回报的人往往阅为其功利心太重而被别人瞧不起，这样，即使你做了牺牲，别人也不会领情。

“吃亏”将带给人们一个美好的人际关系世界，而那些喜欢占便宜的人往往就是因不顾自己的形象和名誉而破坏了自己的人际关系的。记住，吃亏就是投资。做人做事就应该明里吃亏、暗中得利。

心理学要点：

主动吃一点亏，让别人得一点利，从长远来看，你得到的远远比失去的多。如果你能满足人们的这种心理，就一定能获得他们的好感和信赖，这对以后你们之间的交往非常有利。

感情投资：真诚关心，培养感情，换来对方由衷地喜欢和支持

若想得到他人的理解和支持，就一定要先关心和尊重他人，因为关心就是一颗糖衣炮弹。只有这样，你才能与别人的心贴得更近、感情基础更为牢固，别人也会更加喜欢和支持你。如果只是在需要时才开始关心别人，或者总是希望人家对你平时的小恩小惠感恩戴德，时刻想着别人怎样来报答你，那么你注定会失败的。

真诚地关心就像是一把万能钥匙，能够为你打开别人的心锁。人心都是相通的，只有你对别人的关怀是真诚的，对方才会顺从你、理解你。

温州曙光鞋业公司总经理王明，是一个善于关心下属的企业家。比如厂里工人李冬的父亲因患肝癌急需一笔医疗费，这笔昂贵的医疗费对于家庭情况本不富裕的李冬来说无疑是雪上加霜。走投无路的李冬被迫求助总经理王明，王明了解到李冬的情况后，二话没说就给财会打了个电话："马上提出 5 万元现金出来，送到我这里。"之后王明还对李冬说："你现在不要有思想包袱，救人要紧，工作可以先停一停，如果这 5 万元不够，再来找我。"拿到钱的李冬感动地热泪盈眶，不停地说："王总，真是谢谢你，你就是我的救命恩人，有机会我会报答你的。"尽管后来李冬的父亲还是去世了，但是李冬对于总经理王明的感激之情却一直埋

在心里。

2001 年，由于市场竞争激烈，王明的鞋业公司经营举步维艰，不得不靠裁员来维持公司的正常运转，李冬也在这次裁员中失去了工作。不过，当他听说在新加坡定居的舅舅要来大陆投资办厂时，第一时间就找到舅舅，把曙光公司的现状详细地告诉了他，并向舅舅讲了总经理王明的人品，提起那次父亲生病时王明的慷慨相助。听完李冬的一番介绍，老人决定把钱投在人品信得过的王明的厂子里。这笔资金的注入，对于王明来说真的是天大的好事，公司不仅有了转机，还扩大了生产规模，他的事业也有了更大的发展。

据说中国古代的钱币铸造注入了孔子的理念，因为孔子说过“做生意之人外表也许不得不圆滑，但内心一定要方正”，所以钱财被铸成外圆内方的形状，并被尊称为“孔方兄”。想要做一名出色的商人，内心也应做到“外圆内方”。小事上可以采取圆滑的策略，但是在大事上一定要做到“关心他人”，以你的关心换取顾客和员工的忠诚。

广西省柳州市竹编工艺厂的莫莉云，就是这样一位有人情味的女企业家。曾经有一位黑龙江来的客户打算请竹编厂专门生产一种酒瓶套，莫莉云热情接待了这位客户，答应了他的要求，让技术组连夜制作了五种样品供其挑选。客户看到样品后非常高兴，当即选定其中的两款，要货 20 万个。不过三天后客户又突然变卦了，提出只要 6 万个，并抱歉地向莫莉云说明了原委。莫莉云不但没有责怪客户，反而称赞他想得周到、细致，并帮他算了一笔经济账，告诉他如何才能加快现金流周转。这种主动为人着想、以情待人的态度，令客户非常感动，他表示：“以后我厂若要订购竹编产品，一定会来柳州竹编工艺厂订货。”没过多久，这位黑龙江客户特地从哈尔滨赶来参加了广西工艺品洽谈会，不仅订购了 12 万件竹编酒瓶套，还逢人称赞莫莉云的为人，于是洽谈会上莫莉云又收获了许多订单。正是在狠抓产品质量关之外，还舍得在感情上投资，使得莫莉云的竹编厂在强手如林、竞争激烈的行业里能够客户众多，立于不败之地。

在生意场上，你可以什么都没有，唯独不能缺少对身边人的关心。

福建九牧王服装公司的老总林聪颖，最开始做粮食生意时遭人欺骗、被害得很惨，就连工人的工资都发不出来。在1984年的最后一天，林聪颖身上只有300多元钱，看着辛苦工作一年的员工，他的内心充满惭愧和内疚，硬着头皮说："咱们今年的生意亏了，实在没钱发工资，只有这300元钱大家先拿去用着，等过了节我一定尽快补上。"员工们却没有一个要钱，他们都异口同声说："林老板，我们相信你的为人！"当场，林聪颖被感动得热泪盈眶。

其实，员工们的反应并不奇怪，因为林聪颖在平时就非常关心他们，这赢得了他们的信任和忠诚。从开始创业时起，林聪颖就特别关心员工：检查员工宿舍，发现有的宿舍没有电视，马上就派人添置；尽管从宿舍到工厂只有不到10分钟的路程，但林聪颖还是为他的员工安排通勤车，并且说："天这么热，怎么能让我的员工在烈日的暴晒下走着去上班呢？"

这种将心比心的关怀，赢得了员工们对林聪颖的由衷拥护和爱戴。也正因如此，在林聪颖遭遇最困艰难的时刻，员工们能够理解他、支持他，并且不离不弃地跟着他从逆境中站起。经过十几年的努力，林聪颖建立了资产过亿、年产值7亿元、员工1800多人的九牧王服饰发展有限公司。

如果每一个商人都能够主动关心手下人，手下人也将会知恩图报，乐意为你效劳，并且与你风雨同舟。

关心不是急功近利。人情投资应坚持"长线"策略，这是凝聚人气、有效积累人脉资本的重要理念。一个人想在事业上人缘上多得，就要学会多给予对方，持之以恒地给予，这样在关键时刻你才会有意想不到的收获。如果你能注重长期人情方面的投资，与客户和员工们以诚相见、感情相通，你的机遇或许就会由这些人创造。

关心不是摆花架子、做表面文章，“路遥知马力，日久见人心”，感情投资需要较长时间才能结出果实，毕竟人与人之间的理解与信赖需要一个过程。每个人处事的方式都不尽相同，有时候你对别人关怀，反而会换来他们的漠然视之和“虚伪”的讽刺。这个时候，你应当坚信“精诚所至，金石为开”，只要你的关心关怀是真诚的，总有一天会改变这些人的看法。关心，必须学会以心换心、以情动情。感情作为联系人际关系的纽带是可以相互影响的，当你想让别人理解、尊重、信任或支持的时候，你必须先做到理解、尊重、信任和支持别人。有投入才会有产出，有耕耘才会有收获，不撒种子，何来果实？每个人都希望得到平等的待遇，但只有从思想上理解他人，从生活中关心他人，在工作上信任他人，才能使其在精神需求上得到满足，他人才会成为你的知心朋友，继而在组织内部形成亲切、和谐、融洽的气氛，内耗就会减少，凝聚力和向心力便会大大增强。

中国民谚上常有“投之以桃，报之以李”、“你敬我一尺，我敬你一丈“的说法，而在现实的为人处世心理学中，每个人都应该注意进行人情方面的投资，因为交好人情才是自己最为雄厚的资本，才可能令事业立于不败之地。

心理学要点：

人与人之间，感情是建立良好关系的纽带。那些精通为人处世之道的人，总是特别注重与人培养感情。尽管感情投资并不能立竿见影、马上奏效，但是牢固的人情关系一旦建立起来，将会对事业发展起到不可估量的巨大价值。

互惠效应：得到别人的好处后，会感到有回报的义务

在第一次世界大战中，有一种德国特种兵的任务是深入敌后，去抓俘虏回来审讯。

当时打的是堑壕战，大队人马要想穿过两军对垒前沿的无人区，是十分困难的。但是一个士兵悄悄爬过去，溜进敌人的战壕，相对来说就比较容易了。参战双方都有这方面的特种兵，经常派去抓一个敌军的士兵，带回来。

有一个德军特种兵，以前曾多次成功地完成这样的任务，这次他又出发了。他很熟练地穿过两军之间的地域，出乎意料地出现在敌军战壕中。

一个落单的士兵正在吃东西，毫无戒备，一下子就被缴了械。他手中还举着刚才正在吃的面包。这时，他本能地把一些面包递给对面突然而降的敌人。这也许是他一生做的最正确的一件事了。

面前的德国兵忽然被这个举动打动了，并导致了他奇特的行为——他没有俘虏这个敌军士兵回去，而是自己回去了，虽然他知道回去后上司会大发雷霆。

这个德国兵为什么这么容易就被一块面包打动呢？这其实也并非多么地不可思议。人一般有一种心理，就是得到别人的好处或好意后，就想要回报对方。虽然德国兵从对手那里得到的只是一块面包，或者他根

本没有要那个面包，但是他感受到了对方对他的一种善意，即使这善意中包含着一种恳求。但这毕竟是一种善意，是很自然地表达出来的，在一瞬间打动了他。他在心里觉得，无论如何不能把一个对自己好的人当俘虏抓回去，甚至要了他的命。

其实这个德国兵不知不觉地受到了心理学上“互惠效应”的影响。这种得到对方的恩惠，就一定要报答的心理，就是“互惠效应”。

一位心理学教授做过一个小小的实验。他在一群素不相识的人中随机抽样，给挑选出来的人寄去了圣诞卡片。虽然他之前估计会有一些回音，但却没有想到大部分收到卡片的人，都给他回了一张。而其实他们都不认识他啊！

给他回赠卡片的人，根本就没有想到过打听一下这个陌生的教授到底是谁。他们收到卡片后，自动就回赠了一张。也许他们想，可能自己忘了这个教授是谁了，或者这个教授有什么原因才给自己寄卡片，但不管怎样，自己不能欠人家的情，要给人家回寄一张，总是没有错的。

这个实验虽小，却证明了互惠效应的作用：当从别人那里得到好处，我们总觉得应该回报对方。如果一个人帮了我们一次忙，我们也会帮他一次，或者给他送礼品，或请他吃饭。如果别人记住了我们的生日，并送我们礼物，我们对他也会这么做。

中国古代讲究礼尚往来，这也是互惠效应的表现。这似乎是人类行为不成文的规则。

一个人向朋友请教一件事，两人聚会吃饭，那么账单就理所当然应由请教人的这个人付，因为他是有求于人的一方。如果他不懂这个道理，反而让对方付，就很不得体。

在不是很熟悉的朋友之间，你求别人办事，如果没有及时地回报，下一次又求人家，就显得不太自然。因为人家会怀疑你是否有回报的意识，是否感激他对你的付出。及时地回报，可以表明自己是知恩图报的人，有利于相互的继续交往。如果不及时回报，会给你带来一些麻烦。你一直欠着这个情，如果对方突然有一件事反过来求你，而你又觉得不太好办的话，就很难拒绝了。俗话说：“受人一饭，听人使唤。”可以说，为了保持一定的自由，你最好不要欠人情债。

当然，在关系很亲密的朋友之间，就不一定要马上回报，那样可能反而显得生疏，但也不等于不回报，可选择适当的时机，再回报。

人与人之间的互动，就像坐跷跷板一样，要高低交替。一个永远不肯吃亏、不肯让步的人，即使真正得到好处，也是暂时的，迟早要被别人讨厌和疏远。

心理学要点：

当从别人那里得到好处，我们总觉得应该回报对方。所以，主动给予对方一些好处，你的好心决不会白费的。

助人思维：帮助别人的时候，受益的常常是我们自己

有一个人死后被带去观赏天堂和地狱，以便比较之后能聪明地选择他的归宿。他先去看了魔鬼掌管的地狱。第一眼看去，令人十分吃惊，因为所有的人都坐在酒桌旁，桌上摆满了各种佳肴，包括肉、水果、蔬菜。

然而，当他仔细看那些人时，他发现没有一张笑脸，也没有伴随盛宴的音乐或狂欢的迹象。坐在桌子旁边的人看起来沉闷，无精打采，而且个个皮包骨。这个人发现每人的左臂都捆着一把叉，右臂捆着一把刀，刀和叉都有 4 尺长的把手，使它不能用来吃。所以即使每一样食物都在他们手边，结果还是吃不到，于是大家都在挨饿。

然后他又去天堂，情景都差不多：同样食物、刀、叉与那些 4 尺长的把手。然而，天堂里的居民却都在唱歌、欢笑。这位参观者困惑了。他疑惑为什么情景相同，结果却如此不同：在地狱的人都挨饿而且可怜，可是在天堂的人吃得很好而且很快乐。

后来，他终于看到了答案：地狱里每一个人都试图喂自己，可是一刀一叉以及 4 尺长的把手根本不可能吃到东西。天堂上的每一个都是喂对面的人，而且也被对面的人所喂。因为互相帮助，结果帮助了自己。

这个启示就很明白。如果你帮助其他人获得他们需要的东西，你也会因此得到想要的东西，而且你帮助的人越多，你得到的也越多。

而帮助他人使自己受益的例子可以说俯拾即是：

许多年以前，在北弗吉尼亚，一个老人站在一条河的岸上等着过河。由于天气非常冷，河上又没有桥，他必须得骑马过河。长时间的等待之后，他终于看到一群骑马的人走过来。第一个过去了，第二个过去了，第三个，第四个，第五个都过去了。最后，只剩下了最后一个骑马人。当他走到老人面前时，这个老人看着他的眼睛说："先生，你能让我骑马过河吗？"

那个骑马的人毫不犹豫地说："当然可以，上马吧。"

过了河，老人就下了马。在他离开之前，那个骑马的人问："先生，我看到您让其他骑马的人从您面前走过却不叫住他们，当我走过时您却叫住了我，我很想知道这是为什么？"

老人平静地回答说："我在他们的眼睛里没有看到爱，我心里知道即使我向他们提出要求，他们也不会答应的。但是在你的眼睛里，我看到了同情、爱和热心，因此，我知道你会乐意帮助我过河的。

听完这些话，骑马的人非常谦恭地说；"我很感激你刚才说的话，它让我明白了做人的道理。"正是带着这句话，这个骑马的人——托马斯·杰裴逊——走进了白宫，开始了执政生涯。

哈维·法拉斯通，这位帮助人们登上了成功的巅峰的人，曾有一句精彩的话："往往是这样：你把最好的东西送给别人，你就会得到别人身上最好的东西。"

有这样一个故事：

南边墓地的守墓人每个星期总会准时收到一封来信和一些买花的钱；一位信里署名为"可怜的老太"的人，托他每星期给她相依为命却睡到墓地里来的儿子哈里献上一束花。老实的守墓人每次收到信与钱，总会买束鲜花送到哈里墓前。

一天，“可怜的老太”终于露面了，她坐着小车来到墓地，却没下车，派开车司机来请守墓人说：“那位托你每星期给她儿子送花的妇人，请你到她那儿说几句话，因为她腿瘫痪了，行走不便。”

守墓人跟着司机来到那位“可怜的老太”面前，这是一位上了年纪身体很差的老太太，高贵的脸部表情掩饰不了她对生活的绝望和病痛留下的印记。

“我是那位寄信的老太，”她断断续续地说，“这几年麻烦你了。”

“我每星期都按时送花。”守墓人说。

“谢谢你。”她接着说，“医生说我将不久人世，死了倒也好，我活在世上对这个世界来说已无一点意义。只是，我惦记着将没人再给我儿子送花了。”

守墓人忽然问道：“夫人，你去过孤儿院吗？那里的孩子都没父母。”

“孤儿院？”

“夫人，恕我冒昧，”守墓人说，“在我这儿睡着的人，有哪个是活着的？与其把鲜花大把大把地送给那些死去并不能体味生者痛苦与快乐的人，不如把买花的钱留着给那些活着的人。”

“可怜的老太”听了守墓人的话，半天不言语，叫司机开车走了。

守墓人心想：自己的话可能说过头了，对一个临死的孤寡老人而言。

没想到过了几个月，那辆小车又载着”可怜的老太”来到墓地，这次开车的不是那个司机，而是“可怜的老太”自己。

她兴高采烈地跳下车，神采奕奕地对守墓人说：“嘿，你的建议创造了奇迹。我把钱全部捐给了孤儿院，那里孤儿的快乐深深感动了我，让我觉得我还有些用处，更想不到这种帮助他人得到的好处，竟奇迹般治好了我的腿。”

还有一个故事也讲到了帮助别人的重要性：

一个挂着北风的寒冷夜晚，路边一间简陋的旅店迎来一对上了年纪的客人，不幸的是，这间小旅店早就客满了。

“这已是我们寻找的第16家旅社了，这鬼天气，到处客满，我们怎么办呢？”这对年老的夫妻望着店外阴冷的夜晚发愁。

店里的小伙计不忍心这对老年客人受冻，便建议说：“如果你们不嫌弃的话，今晚就住在我的床铺上吧，我自己打烊时在店堂打个地铺就行。”

老年夫妻非常感激，第二天照店里价格要付客房费，小伙计坚决拒绝了。临走时，老年夫妻开玩笑似地说：“你经营旅店的才能真够得上当一家五星级酒店的总经理。”

“那敢情好！起码收入多些可以养活我的老母亲。”小伙计随口应和道，哈哈一笑。

没想到，两年后的一天，小伙计收到一封寄自纽约的来信，信中夹有一张来回纽约的双程机票，信中还邀请他去拜访当年那对睡他床铺的老夫妻。

小伙计来到繁华的大都市纽约，老年夫妻把小伙计引到第五大街三十四街交汇处，指着那儿一幢摩天大楼说：“这是一座专门为你兴建的五星级宾馆，现在我正式邀请你来当总经理。”

年轻的小伙计因为一次举手之劳的助人行为，美梦成真。

为此，哲人说：“帮助别人的时候，受益的常常是我们自己。”

心理学要点：

如果你帮助其他人获得他们需要的东西，你也会因此得到想

要的东西，而且你帮助的人越多，你得到的也越多。

求同存异：把自己融入对方，减少差异，达成共识

一位美国作家的儿子迷上了棒球，而这位作家对此毫无兴趣。然而，一年夏天，他却带他的儿子逐一观看每次主要棒球联合会队的比赛。一共用了 6 个多星期的时间，花了很多钱。但这一活动有力地加深了他们的关系。

作家回来后，有人问他："你这么喜欢棒球吗？"

"不喜欢，"他回答说，"但我非常喜欢我的儿子。"

生活中，我们往往根据我们自己的经历感受，去揣摩他人的愿望或需要。我们以我们的意图来设想他人的行为。我们根据我们自己现在，或在类似年龄，类似生活阶段的需要与愿望来理解别人的感情。

俗话说："欲人施于己者，己必施诸人"。尽管从字面看，此句话可意为，为他人做你希望他人为你做的事情。但其更加实质性的意思是，以你希望得到别人理解的方式，来深刻理解具有独立人格的他人，然后根据这种理解对待他们。正如一位称职的家长就哺养儿女问题所说的那样，"对孩子要区别对待，一视同仁"。

一位少年正与一位老人争辩。

"哈哈！太阳围着我转了 80 多年了，我还没有死，今后，它说不定还会围我转 20 年呢。"老人得意洋洋地说。

“不对，是你围着太阳转了 80 多年了！”少年说。

“什么？我围着太阳转？胡说八道！我每天搬个小凳坐在院子里，太阳从东边升起，从西边落下，明明是我不动，太阳动，你怎么说我围着它转？”

“那不是太阳在动，是地球在动，你每天坐在地球上，围着太阳，旋转 8 万里呢！”少年说。

“你说地球会转？”

“对！它不仅会围着太阳转，而且自己也会转。”

“那我怎么没从地球上跌下去？”老人不服气地说。

“那是因为地球的引力。”

“地球的引力？那它怎么没把月亮、星星引到地球上来？”老人反驳道。

“那是因为地球的引力也是有限的……”

“有限的？谁限制了它？天底下难道有人在限制地球？”老人争道。

“那是……”少年尽自己所知，向老人解释着，与他争辩着。

最后，老人无话可说，只叹气道：

“唉！活了 80 多年，居然被太阳和地球骗了 80 多年！”

“不！它们没骗你，是你自己把它们看错了。”

“可是，我又怎么会看错呢？”老人不解。

“那是您站的角度不同；假如您不是站在地球上，而是站在太空另一个星球上，那么，情况就又大不一样了呢！”少年说。

“说的是呀，”老人若有所思，“世上之人看事情也是如此，只因站的角度不同，往往把一个事物看得天差地别，还以为自己受了它们的欺骗，实际上，错在我们自己呀。”

与人相处，如果总是在强调差异，你们就不会相处融洽，强调差异会使人与人之间距离越来越远，最终走向冲突。反之如果把注意力放在别人和自己的共同点上，与人相处就会容易一些，我们和难缠的人有冲突，我们和朋友就会有冲突，差别在于和朋友间的冲突会因彼此共同的立场观点而缓和，而和难缠人物的冲突就不易找出共同点来。

要记住，谁也不会去和跟自己作对的人合作。

尊重这些差异，关键是要意识到——所有人看待世界都不是客观地去看，而是主观地去看。

两个人可能观点不一，而双方又都可能是正确的，这种现象不符合逻辑，但符合心理学。这种情况确确实实地存在。

要减少差异就要设身处地为别人着想，以达成共识。为别人着想，就会产生同化，彼此间的关系就会更加融洽。

同化就是找共同点。通常，我们总会在无意间询问别人好多问题，通过询问，我们发现双方有着共同的衣着习惯，共同的电脑品牌，都喜欢喝某种饮料，吃某种面包。发现了一些共同点，我们就会不知不觉去掉戒备，谈话变得非常投入、专注与忘我。

把自己融进对方，让俩人变为一人。这个时候，无需恳求、命令，俩人自然就会齐心去做某件事情。

心理学要点：

强调差异会使人与人之间距离越来越远，最终走向冲突。反之如果把注意力放在别人和自己的共同点上，与人相处就会容易一些。

合作思维：社会是共生的，人们需要充分合作

我们大概都经历过这样的场景：在上公共汽车时，明明知道依次上车会更快，可是当一看到车进站后众人仍会情不自禁地蜂拥而上，结果上车速度反而会下降。

这是因为，人们心里最关注的是：凭什么他先上，而不是我先上？这样竞争的心理占了上风，人们就争先恐后，结果导致大家都上得慢了。

再看另外一个例子。一对美国夫妻离异，根据法官的判决，丈夫应该把自己财产的一半转让给妻子，因此，丈夫开始出售自己的车、房。为了不让妻子平白无故地得到一大笔财产，丈夫将自己价值几百万美元的车子和房子贱价出售。妻子固然没有得利，但丈夫也损失了一大笔。

丈夫为了让妻子无法得到财产，而宁可自己损失财产。这是由于仇恨，使竞争的需要超过了合作的需要，从而做出损人不利己的事来。不可否认，竞争是人类一种与生俱来的品质，没有它，虽然没有了嫉妒、仇恨，但是人类的进取心就会小很多，也就没有了效率、成绩。

在竞争的状态下，大家都争先恐后地去争取成功、胜利，于是形成一种生气勃勃、人人争先的局面，从而产生一种激励作用。体育比赛的新纪录之所以总是在激烈的国际大型比赛中产生，正是因为在国际大型

体育比赛中竞争激烈，人们往往把全身的体力、心力调动起来去夺取胜利，而使奇迹得以出现。

可见，竞争是推动社会前进的强大精神动力。竞争在人类社会中的积极作用是不可否认的。但是，同时我们也应该意识到，和竞争相反的“合作”，也是生活中必不可少的。

合作的力量也是非常巨大的。社会是共生的，像一架大钢琴，每个人都是琴上的键。上面既需要高音琴键，又需要中音和低音琴键，各键只有依据曲本的要求，对准属于自己的音，才能奏出美妙的曲子。这就需要合作。诚如俗话所说，“一木难支大厦”，“一个人玩不成棒球”。

就拿棒球为例吧。棒球队由 9 人组成，每个人所处的位置都不同，9 个人必须依靠“合作”来与其他队“竞争”，合作作为当然的原则而被强制执行，不合作就不可能胜利。

同样是人类，既懂得竞争，也懂得合作。那么人们一般是在什么情况下选择竞争，什么情况下选择合作呢？心理学家的研究表明，选择竞争还是合作，是由以下这些因素决定的：刺激、对方的力量、交流信息和个性特征等。

首先是刺激，包括对个体有益或有害的刺激，如奖励或惩罚，利益的得到或失去。如果对合作增加有益的刺激，选择竞争的趋势就会下降。

其次是力量的对比。在社会环境中，人们往往根据力量对比的大小，来决定自己应该选择竞争行为还是合作行为。如果对方的力量实在太大，那么，自己多半会选择与之联合共同完成任务，不愿拿鸡蛋去碰石头。但如果人们自己有更大的力量时，多半会采取竞争。看来，有权力的一方一般更容易得到合作。

再次，信息交流可以大大增强合作行为。如果双方不进行信息交流，那么一般会认为对方将采取竞争。如果对方选择竞争，自己即使不喜欢竞争也只好被迫参与。但是如果双方可以进行信息交流，坦诚相待，彼此信任，就利益分配问题进行商量，达成共识，合作的可能性就会大大增加。从上面的心理实验就可以看出，如果实验中的学生们互相沟通、商量，就可以做出对彼此都更有利的选择。

最后，人的个性在很大程度上也影响着一个人采取合作行为还是竞争行为。一般的，成就动机高、一心想做出优异成绩的人更容易竞争；而交往动机强、需要朋友、比较谦虚的人，多半选择合作。

为了消除“竞争优势效应”的负面作用，就要推崇“双赢”理论。合作，应该成为集体的主旋律，合作为我们每一个人营造了一个发展的空间。著名的心理学家荣格有这样一个公式：“我 + 我们 = 完整的我”。绝对的我是不存在的，只有融入我们的“我”，与周围的人友好相处，精诚合作，实现优势互补，才能在竞争中共同发展。

心理学要点：

人们为了自己的利益，常常更倾向于与别人竞争。但是纯粹的竞争往往导致两败俱伤。抛开分歧，放下狭隘的利己思想，敞开合作的怀抱，会让你得到更多。

双赢法则：在尊重各自利益诉求的基础上追求更大的共同利益

人际关系的专家认为：“维护自己的权益不仅是一种行为，也是一种心理状态。”它的基本观念在于，相信人生来即具有某些天赋权利，如：有自己的意见、能表达看法、勇于负责、偶尔犯错，或能改变心意，做出决定，以自己的标准来评断自己和不需感觉罪恶地说“是”或“否”的权利。

没有为自己的权利据理力争，会让你沦为受害者的下场。受害者让别人有机可乘，使自己的需求无法充分表达；或是态度卑恭，让人不由藐视、忽略你的存在。受害者的言行举止不断传送一个讯息：你比我重要；你的想法比我的有份量，你的喜好比我的更应该受到重视；我一点也不重要。尽管差谴、利用我吧！受害者的最大报酬就是可以避免冲突，而且几乎不必为自己的行为负责。

为了维护自己的权益而伤害别人的权利，不啻是把自己贬为恶霸。恶霸就是假装勇敢的懦夫。因为害怕失控，他们把挑战当作是对个人的威胁；他们以羞辱、贬抑或其它种种，贬低他人的方法，来攻击对方。恶霸的言行举止在传达着：我没有问题，是你有问题；我的方式正确，可是你的方式，只是你个人的方式；我想要的东西比你需要的东西还重要；不同意我的人，不是笨蛋，就是坏蛋。恶霸所能得到的好处就是处处占上风，或是他们自以为总压得过别人。恶霸常会树立真正的敌人，等着趁其不备攻击其最在乎的痛处。面临压力时，我们的反应往往不是把自己变成受害者就是恶霸。而如何在两者之间取得均衡，是最困难的一部分。同情而不软弱，立场坚定而细心体察他人需要，这就是所谓的"维护权益"。

维护权益是指诚实、直截了当、而且尊重他人权利的行为，最终目的在于找双赢结果，以增进人与人之间的互信合作。

要正确维护自己的权益，你需要做到；

第一，思想积极

维护权益必须先从你自己内在做起。问题不仅在于你的表达方式、你是什么样的人。如果你是那种因为害怕失败而常常自圆其说、自欺欺人的人，维护自身权益的举动就会显得造作。你的话听起来就会像照着剧本念起来的对白，行为举止看起来也会非常笨拙，就好像把衣服给穿反了。

虽然你对某些事情感受强烈，但是你可以改变对这些事情的反应方式。改变你对某人或某事的反应，可让你从不同的角度采看人或看事。运用你的想象力，想象你说话得体举止得当的成功景象。你的想象愈逼真、期望愈乐观，成机率就愈大。

第二，为别人设想

如果你了解并考虑到别人的立场，别人就较易接受你维护自身权益的举动。例如同事请你帮他做一个案子，可是你很担心自己的案子无法及时完成。你可以同意帮忙同事，之后再做自己的案子，但是你很可能没时间修改自己的案子（成为受害者）；你也可以告诉同事，别指望你会帮他，你自己都泥菩萨过河——自身难保了（非常有力的反击），保证你以后别想指望这个人会帮你，除非这个人属于受害者型；又或者态度坚定地告诉对方（坦白、直接，但又不失同情）：“我们两人可以一起工作，让两人的案子都能如期完成。”

第三，争取权益时要注意时机

如果你必须和某人谈判，要避免：

在餐厅碰面（太多干扰）；

坐在桌子后面（你要的是建立沟通的桥梁，而不是障碍）；

在下班时间（这时大家身心俱疲，只想快点回家）；

随对方坐或站（保持平等，免得成为恶霸或懦夫）。

如果时间和精力许可，安排对方碰面（在案子策划前、工作上的危机解决后、一天中任何一个宁静的时刻）。

第四，言行一致

你的行为必须用来配合以强化你维护自身权益的话语。那些缺乏自信的讯息在显示讯息传达者害怕或不愿表达他（她）的真正意愿。因为他们觉得这些意愿虽然重要，但没有重要到非得表达出来的地步，于是就放在心里，让这些意愿一步步吞噬他们的自我形象。另一方面，过于积极的肢体语言则让人觉得讯息传递者的意愿比什么都显得重要，重要的压抑了和他（她）感受或立场不同者的观点、价值。

维护自身权益者的肢体语言，则态度自然，而且开放、诚实地表达自己的意愿，不会侵犯到他人权利，

第五，留意混合讯号

有时，有些态度积极的人会显得被动。此时，他们的态度退缩，拒绝参与。如果你问他们原因，他们多半回答“没事，”或是“算了，没你的事”。被动式的积极和真正被动者的惟一差别是他们的音调。后者的腔调懦弱、自我否定；前者口气则显得嘲讽、责备，充满挑战意味，而且伴随着许多个性过于积极的人常见的肢体语言。

人与人相处，冲突在所难免，但是冲突不一定不好。假如把冲突当作是彼此交揣意图、追求成长、成功的机会，冲突也可以成为人际关系发展的重要步骤、。

要将冲突转变成合作的关键在于自重重人的沟通态度。因为自重重人的态度尊重每个人的权益，是惟一能获得双赢结果的沟通态度。

心理学要点：

维护权益是指诚实、直截了当、而且尊重他人权利的行为，最终目的在于找双赢结果，以增进人与人之间的互信合作。

03 职场成功心理学：应以什么样的心态面对工作

杜利奥定律：工作不仅仅只为了生存，你应对此倾注热忱

“没有什么比失去热忱更使人觉得垂垂老矣。”美国自然科学家、作家杜利奥提出的这一观点，在心理学上被称为“杜利奥定律”。

热忱是工作的灵魂，甚至就是生活本身。年轻人如果不能从每天的工作中找到乐趣，仅仅是因为要生存才不得不从事工作，仅仅是为了生存才不得不完成职责，这样的人注定是要失败的。

当你兴致勃勃地工作，并努力使自己的老板和顾客满意时，你所获得的利益就会增加。在你的言行中加入热忱，热忱是一种神奇的要素，吸引具有影响力的人，同时也是成功的基石。

诚实、能干、友善、忠于职守、淳朴——所有这些特征，对准备在事业上有所作为的年轻人来说，都是不可缺少的，但是更不可或缺的是热忱——将奋斗、拼搏看作是人生的快乐和荣耀。

发明家、艺术家、音乐家、诗人、作家、英雄、人类文明的先行者、大企业的创造者——无论他们来自什么种族、什么地区，无论在什么时代——那些引导着人类从野蛮社会走向文明的人们，无不是充满热忱的人。

如果你不能使自己的全部身心都投入到工作中去，你无论做什么工作，都可能沦为平庸之辈。你无法在人类历史上留下任何印记；做事马

马虎虎，只有在平平淡淡中了却此生。如果是这样，你的人生结局将和千百万的平庸之辈一样。

大自然的秘密，就要由那些准备把生命奉献给工作的人、那些热情洋溢地生活的人来揭开。各种新兴的事物，等待着那些热忱而且有耐心的人去开发。各行各业，人类活动的每一个领域，都在呼唤着满怀热忱的工作者。

热忱是战胜所有困难的强大力量，它使你保持清醒，使全身所有的神经都处于兴奋状态，去进行你内心渴望的事；它不能容忍任何有碍于实现既定目标的干扰。

著名音乐家亨德尔，年幼时家人不准他去碰乐器，不让他去上学，哪怕是学习一个音符。但这一切又有什么用呢？他在半夜里悄悄地跑到秘密的阁楼里去弹钢琴。莫扎特孩提时，成天要做大量的苦工，但是到了晚上他就偷偷地去教堂聆听风琴演奏，将他的全部身心都融化在音乐之中。巴赫年幼时只能在月光底下抄写学习的东西，连点一支蜡烛的要求也被蛮横地拒绝了。当那些手抄的资料被没收后，他依然没有灰心丧气。同样地，皮鞭和责骂反而使儿童时代充满热忱的奥利·布尔更专注地投入到他的小提琴曲中去。

在职业生涯中取得过无限辉煌的成功学大师拿破仑·希尔说：若你能够保持一颗热忱之心，那将会给你带来奇迹的。

拿破仑·希尔本人就是一个充满了热忱的人。一个浓雾之夜，当拿破仑·希尔和他母亲从新泽西乘船渡江到纽约的时候，母亲欢叫道："这是多么令人惊心动魄的情景啊！"

"有什么出奇的事情呢？"拿破仑·希尔问道。

母亲依旧充满热情："你看呀，那浓雾，那四周若隐若现的光，还有消失在雾中的船带走了令人迷惑的灯光，那么令人不可思议。"

或许是被母亲的热情所感染，拿破仑·希尔也着实感觉到厚厚的白雾中那种隐藏着的神秘、虚无及点点的迷惑。拿破仑·希尔那颗迟钝的心得到了一些新鲜血液的渗透，不再没有感觉了。

母亲注视着拿破仑·希尔，“我从来没有放弃过给你忠告。无论以前的忠告你接受不接受，但这一刻的忠告你一定得听，而且要永远牢记。那就是：世界从来就有美丽和兴奋的存在，她本身就是如此动人、如此令人神往，所以，你自己必须要对她敏感，永远不要让自己感觉迟钝、嗅觉不灵，永远不要让自己失去那份应有的热忱。”

拿破仑·希尔一直没有忘记母亲的话，而且也试着去做。

人与入之间只有很小的差异，但这种很小的差异却往往造成了巨大的差距。很小的差异就是所具备的心态是积极的还是消极的，巨大的差距就是成功与失败。成功人士的首要标志，就在于他们有热情积极的心态。一个人如果心态积极，乐观地面对人生，乐观地接受挑战和应付麻烦事，那他就成功了一半。

在心理学上，充满热情就代表着积极、健康、生气勃勃，这样做起事来往往事半功倍。实际上，人生起起落落，我们没有办法改变一些事实，却可以通过热情、让自己敞开心扉，寻找到一片绿洲。

热忱，是所有伟大成就的取得过程中最具有活力的因素。它融入了每一项发明、每一幅书画、每一尊雕塑、每一首伟大的诗、每一部让世人惊叹的小说或文章当中。它是一种精神的力量。它只有在更高级的力量中才会生发出来。在那些为个人的感官享受所支配的人身上，你是不会发现这种热忱的。它的本质就是一种积极向上的力量。

最好的劳动成果总是由头脑聪明并具有工作热情的人完成的。在一家大公司里，那些吊儿郎当的老职员们嘲笑一位年轻的同事的工作热情，因为这个职位低下的年轻人做了许多自己职责范围以外的工作。然而不久他就被从所有的雇员中挑选出来，当上了部门经理，进入了公司的管理层，令那些嘲笑他的人瞠目结舌。

成功与其说是取决于人的才能，不如说取决于人的热忱。这个世界为那些具有真正的使命感和自信心的人大开绿灯，到生命终结的时候，他们依然热情不减。无论出现什么困难，无论前途看起来是多么的暗淡，他们总是相信能够把心目中的理想图景变成现实。

热忱，使我们的决心更坚定；热忱，使我们的意志更坚强！它给思想以力量，促使我们立刻行动，直到把可能变成现实。不要畏惧热忱，如果有人愿意以半怜悯半轻视的语调把你称为狂热分子，那么就让他这么说吧。一件事情如果在你看来值得为它付出，如果那是对你的努力的一种挑战，那么，就把你能够发挥的全部热忱都投入到其中去吧，至于那些指手画脚的议论，则大可不必理会。笑到最后的人，才笑得最好。成就最多的，从来不是那些半途而废、冷嘲热讽、犹豫不决、胆小怕事的人。

一个对生活充满热情、狂热投入工作的人，每天早上一起来就会迫不及待地要把自己发动起来。他们有明确的目标，总是对生活充满了渴望而又精力充沛，能一直坚守自己的使命。这样的热情来源于对工作的热爱与对自己追求的享受：无疑，这种人一定是生活中的强者。

热情能帮你在更少的时间里完成更多的事情，帮你做出更好的选择，帮你显得更加富有魅力。在热情的推动下，你会感觉自己的日子飞一样地流逝，你的成就也来得特别快。

全身心地投入到你的工作中去，把它当作你特殊的使命，把这种信念深深植根于你的头脑之中。就像美一样，源源不断的热忱，使你永葆青春，让你的心中永远充满阳光。

心理学要点：

杜利奥定律的核心在于强调热忱的作用，热忱是工作的灵魂，甚至就是生活本身。年轻人如果不能从每天的工作中找到乐趣，仅仅是因为要生存才不得不从事工作，仅仅是为了生存才不得不完成职责，这样的人注定是要失败的。

态度致胜：将你的个性投入到工作之中，爱并努力着

一个人的工作态度折射着人生态度，而人生态度决定一个人一生的成就。你的工作，就是你的生命的投影。它的美与丑、可爱与可憎，全操纵于你之手。一个天性乐观，对工作充满热忱的人，无论他眼下是在洗马桶、挖土方，或者是在经营着一家大公司，都会认为自己的工作是一项神圣的天职，并怀着深切的兴趣。对工作充满热忱的人，不论遇到多少艰难险阻，都要有这样的信念：哪怕是洗一辈子马桶，也要做个洗马桶最优秀的人！

假使你对工作，是被动的而非自动的，像奴隶在主人的皮鞭的督促之下一样；假使你对于工作，感觉到厌恶；假使你对于工作，没有热诚和爱好之心，不能使工作成为一种喜爱，而只觉得其为一种苦役；那你在这个世界上，一定不会有很大作为的。

自尊、自信是成就大事业的必要条件，对工作敷衍塞责的人是不会具有这种自信、自尊的。一个人假使不能在工作上尽其至善之努力，则他决不能得到最高的“自我赞许”。

许多人，不知道尊重自己的工作。他们把工作视作取得食物、衣服、房子的一种讨厌的“需要”，一种无可避免的苦役。他们不把工作当作一个锻炼能力的东西，一个训练建造品格的大学校。

他们不懂得，工作能激发他们内在的最优良的品格，让他们在奋

斗、努力中去发挥出他们所有的才能，去克服一切成功之障碍。工作对于他们只是一种苦役。他们不懂得毅力、坚忍力，以及其他种种高贵的品格都是从努力工作中得来的。一个人抱怨、鄙视自己的工作，他的生命决不能得到真正的成功。结果恐怕只能是一个，那就是“今天工作不努力，明天努力找工作”！

不管你的工作是怎样的卑微，你都当临之以一种艺术家的精神。世界上没有卑微的工作，只有卑微的工作态度，只要全力以赴地去做，再恶心的工作也会变成最出色的工作。

有人问 3 个砌砖的工人：“你们在做什么呢？”

第 1 个工人没好气地嘀咕：“你没看见吗，我正在砌墙啊。”

第 2 个工人有气无力地说：“嗨，我正在做一项每小时 9 元的工作呢。”

第 3 个工人哼着小调，欢快地说：“你问我啊朋友，我不妨坦白告诉你，我正在建造这世界上最伟大的房子！”

这就是问题的症结。如果你只把目光停留在工作本身，那么即使从事你最喜欢的工作，你依然无法持久地保持对工作的热情，而如果在拟定合同时，你想的是一个几百万的订单；搜集资料、撰写标书时你想到的是招标会上的夺冠，你还会认为自己的工作百无聊赖枯燥无味吗？

工作满意的秘密之一就是能“看到超越日常工作的东西”。一旦心情愉快起来，就会全身心投人。本来你觉得乏味无比的事情会变得妙趣横生。这正是工作的本质所在。你不应该仅仅把工作视作取得食物、衣服、房子的一种讨厌的“需要”，一种无可避免的苦役。而应该把工作当作一个锻炼能力的东西，一个训练建造品格的大学校。

假使你对于你的工作能待之以艺术家的精神而非待之以工匠的精神；假使你对于工作能带来浓郁的趣味而贯注热诚；假使你决意做每一件事，必须竭尽你的全力，则你对于工作就不致产生厌恶或痛苦的感觉。

一切全视你的精神和你的态度。充沛的精神，可以使最卑微的工作变得趣味横生。颓废的精神，可以使人对于最高尚的事务，产生厌恶的感觉。

我们不妨设想一下他们3位的命运，前两位继续在砌着他们的砖，因为他们没有远见，不重视自己的工作，不会去追求更大的成就。但那位认为自己在建造世界上最大的房子的工人则不一样了，他一定不会永远是个砌着砖的工人，也许他已经变成了承包商，甚至变成了很有名气的建筑设计师。因为他善于思考，他当时对于工作的热情已经明显地表现出他想更上一层楼。

宝洁公司全球人力资源负责人戴普曾经这样说："我们在分析应征者能不能适合某项工作时，经常要考虑他对目前工作的态度。如果他认为自己的工作很重要，我们就会留下很深的印象。即使他对目前的工作不满也没有关系。"

"为什么呢？这个道理很简单，如果他认为他目前的工作很重要，他对下一项工作也可能抱着'我以工作成就为荣'的态度。我们发现，一个人的工作态度跟他的工作效率确实有很密切的关系。"

就像你的仪表一样，你的工作态度，也会对你的领导、同事、部属以及你所接触的每一个人表现出你的心理状态，你的价值取向。

这也就是说，你认为你怎样就会怎样。因为你的思想不知不觉会使你变成你所想的那样，你对工作没有热情，表现得很消极，那你就不可能在工作上取得任何成就。如果你认为你很虚弱，你的条件不足，会失败，是二流货色等等，这些想法会注定你会平平庸庸地度过一辈子。

反过来，你如果认为自己很重要，有足够的条件，是第一流的人才，自己的工作也确实很重要，那么你很快就会迈上成功之路。

一个长期认为自己工作重要的人，能接收到一种心理讯号，告知他如何把工作做得更好。

有一个年轻人，别人问他现在生活得怎样，他回答说："我现在完全为我的工作所陶醉了，我简直不能自拔。每天早晨，我都十分渴望能够尽快地投入到自己的任务中，而当晚上放下工作时，我会感到十分的惋惜，就像一个天生的画家，在黄昏到来之时，会为自己不得不放下画笔而遗憾。"

一个对自己的工作如此热情的年轻人，他的未来根本无需担心。正如某位名人所说："一个人，如果他不仅能够出色地完成自己的工作，而且还能够借助于极大的热情、耐心和毅力，将自己的个性融入到工作中，令自己的工作变得独具特色，独一无二，与众不同，带有强烈的个人色彩并令人难以忘怀，那么这个人就是一个真正艺术家。而这一点，可以用于人类为之努力的每一个领域：经营旅馆、银行或工厂，写作、演讲、做模特或者绘画。将自己的个性融入到工作之中，这是具有决定性意义的一步，是一个人打开天才的名册，将要名垂青史的最后三秒钟。"

极其出色地完成自己的工作，能否真的让一个人成为艺术家或者天才，这个问题暂且不论，但是有一点却是千真万确的：一个人尽己所能、精益求精地完成自己的工作，这种觉悟所带来的内心的满足感是无与伦比的。

心理学要点：

假使你对工作，是被动的而非自动的，像奴隶在主人的皮鞭的督促之下一样；假使你对于工作，感觉到厌恶；假使你对于工作，没有热诚和爱好之心，不能使工作成为一种喜爱，而只觉得其为一种苦役；那你在这个世界上，一定不会有很大作为的。

向上的心态：我成功，是因为我志在成功

工作没有重要不重要之分，有分别的只是对工作的重视程度。成功与否并不取决于我们是谁，而取决于我们以一种怎样的态度来对待。

《世界是平的》一书中有这样一句名言："21 世纪的核心竞争力是态度。"他的这番言论告诉我们，积极的心态已经成为当今世纪比黄金还要珍贵的最稀缺的资源，它是个人决胜于未来最为根本的心理资本，是纵横职场最核心的竞争力！

在企业之中，我们可以看到形形色色的人。每个人都有自己的工作态度。有的勤勉进取，有的悠闲自在，有的得过且过。工作态度决定工作成绩。我们不能保证你具有了某种态度就一定能成功，但是成功的人们都有着一些相同的态度。

很多的现代管理者越来越重视人才的心态素养。某跨国公司人力资源部总监认为："许多人都很有能力，但并不是所有有能力的人都能进入我们公司。因为，除了能力，我们更看重一个人的'工作态度'如何，是不是拥有积极的心态，遇事能否主动想办法解决，而不是老说一些没用的话，动不动就这也不行那也不行。这种人不适合我们公司！"

有一位名牌大学刚毕业的女大学生，学识不错，形象也很好，但有一个明显的毛病：做事不认真，遇到问题总是找借口搪塞。刚开始上班时大家对她印象还不错。但没过几天，她就开始迟到，办公室领导几次

向她提出，她总是找这样或那样的借口来解释。

一天，老总安排她到清华大学送材料，要跑三个地方，结果她仅仅跑了一个地方就回来了。老总问她怎么回事，她解释说："清华好大阿！我都在传达室问了几次，才问到一个地方。"

老总生气了："这3个单位都是北大著名的单位，你跑了一下午，怎么会只找到这一个单位呢？"她急着辩解："我真的去找了，不信你去问传达室的人。"老总心里更有气了：我去问传达室干什么？你自己没有找到单位，还叫老总去核实，这是什么话？

其他员工也好心地帮她出主意：你可以找清华的总机问问三个单位的电话，然后分别联系，问好具体怎么走再去。谁知她一点也不理会同事的好心，反而气鼓鼓地说："反正我已经尽力了……"

听到她这么说，老总便下了辞退她的决心：既然这已经是你尽力之后达到的水平，想必你也不会有更高的水平了。那么只好请你离开公司了！

杰克·韦尔奇曾说："我成功，是因为我志在成功。"在追求成功的道路上，周围的环境或人为因素的制约性会很明显，但这绝不是一成不变的。其实，能否取得成功，关键在于你有着一种怎样的态度，当你抱着不达目的决不罢休的态度去拼搏时，就没有什么能够阻挡你。因为奋进的态度，就是你的第一竞争力。

在工作中，如果时刻保持一种积极向上的心态，保持一种主动学习的精神，其实，我们每个人都可以做得更好。如果我们不懂得珍惜自己的工作，从而懒惰怠慢、不求进取，那么，我们注定在工作上会和上面那位女大学生有相同的命运。

正确看待工作是端正工作态度的前提。一个人如果有"我不过是在为老板打工"或者"我不得已才干这份工作"的想法，那么他在工作时的外在表现是绝对不会激情四射的，对于有竞争力的员工来说，工作是一个施展自己能力的舞台。

心理学要点：

心态积极的员工，知道自己工作的意义和责任，并且永远保持着全力以赴的工作态度。他们在为企业创造价值和财富的同时，也在不断丰富和完善着自己的职业人生。一个企业的成败与否，与这部分员工有着密不可分的联系。他们是每一个企业、每一位老板都极力寻求的人才，他们才是所有组织最器重的员工！

主动效应：不用别人告诉你，也能出色地完成工作

工作主动的人，勇于负责，有独立思考能力，必要时会发挥创意，以完成任务。这样的人到处受欢迎。

一个人具有了主动工作的意识，也就具备了成功的思想基础和关键。所谓的主动，指的是随时准备把握机会，展现超乎他人要求的工作表现，以及拥有"为了完成任务，必要时不惜打破常规"的智慧和判断力。简单概括成一句话，主动就是不用别人告诉你，也能出色地完成工作。

比尔·盖茨曾经说过，他之所以为自己所领导的微软而感到自豪，是因为在这个团体中聚集了一大批积极主动的年轻人。而他在选择公司领导者的时候，十分重视选择条件，把热爱微软的事业这一标准放在尤其重要的位置。比尔·盖茨说："只有热爱工作的人才能在工作中做到积极主动，在面对困难时能够有着破釜沉舟的决心与毅力。"热爱微软、积极主动是比尔·盖茨最为强调的职业素质。

在微软公司运动营的篮球场上，那张代表公司的面孔红彤彤的，他身手敏捷，动作职业，或跑或跳，十分活跃，这就是处于巅峰状态的鲍尔默。他做生意就像他打球的风格一样，精力充沛，积极主动，勇往直前，在竞争中从不畏惧，并且会不惜一切代价获胜。在没有进入微软之前，盖茨曾经多次主动高薪邀请鲍尔默加盟，因为他需要鲍尔默这种主

动开拓风格的人来让微软公司脱胎换骨。

1994年年末，美国IT似乎陷入了绝境。而早在1994年秋天微软公司的年会上，鲍尔默就把一台便携式计算机放在自己的头上鼓励大家："拿出点信心来，我们有NT。我们需要不断地努力，直至使其成为标准。"这极大地鼓舞了大家。在他的号呼之下，到1997年，NT4.0版开始大规模打入企业和机构市场，并成为后来Windows2000的基础。鲍尔默以他的积极主动，带动了一批人的主动，使得一个新事物就这样横空出世并叱咤天下，企业不欢迎这样的人，还欢迎谁?

要想在现代职场中获得成功，就必须改变自己"工作中不够主动，听吩咐才能做事"的被动性格，努力培育自己的主动意识。工作中要有一种"率先主动"的竞争意识，主动为自己设定工作目标，开拓性地思考和改进达到成功的工作方式方法。要主动推销自己，要有为自己创立"名牌'，的意识，善于表现和展示自己的特长优点，与领导和同事共同分享成果、分享快乐、分享成功。只有积极主动的人才能在瞬息万变的竞争环境中获得成功，只有善于展示自己的人才能在工作中获得真正的机会。拥有了"主动精神"，成功就会变得非常自然和顺理成章。

《致加西亚的信》一书中有这样几句话："世界会给你以厚报，既有金钱也有荣誉，只要你具备这样一种品质，那就是主动。"所有的成功人士都是由于曾经对于工作有着积极主动的态度，从而不断地迈向成功的。

在许多人看来，工作只是一种简单的雇佣关系，做多做少，做好做坏，对自己的意义不大。其实不然。工作其实是一个机会，一个一直站在我们身边等待发现的机会。积极主动，这样才会有创造力，才会不断进步，不断取得新的成绩。

主动代表着一种创造力，主动地思考、积极地行动，会在让人接触事物的同时扩大主观的认知视野，所谓举一反三、触类旁通、顺藤摸瓜其实都是主动思维的另类诠释或证明，主动的人能接触到更多的信息与资源，这对处事的灵活性、多样性、成功性都大有帮助；同时主动的思维会带来积极的行动，行为上的主动会引起良好的外界反馈，从而进一步刺激大脑神经细胞，产生更积极的思维，这样的一种良性循环，能让人在处理好事情的同时，最大限度地发挥自身的价值，体会到一种安全感、价值感、幸福感。

主动是发掘和发挥潜能的最佳途径。它拓宽人的思维，更大限度地促进人的潜能开发。有的人天生积极主动，这是一种幸运，这种人就更应该珍惜这种天生资源，更大限度地去努力发挥自己的潜能，争取更大的成功和价值。有些人天生被动，那么就要赶快行动，培养自己的主动性。

积极主动是一种极珍贵、备受看重的素养，它能使人变得更加敏捷，更加积极。我们经常听到这样的说法：成功的人与不成功的人的最大区别就是成功的人做事都积极主动，而不成功的人则多半消极被动。无论你是再底层再普通的职员，“每天多做一点”的工作态度能使你从竞争中脱颖而出。因为你的主动，你的老板、委托人和顾客会关注你、信赖你，从而给你更多的机会。

心理学要点：

工作其实是一个机会，一个一直站在我们身边等待发现的机会。积极主动，这样才会有创造力，才会不断进步，不断取得新的成绩。

敬业精神：工作没有大小之分，用心干好当下每件事

克雷格·卡尔霍恩是一名美国青年，年满12岁后，每年暑假，他都在父亲开的清污公司干活。父亲用一桶清洗液和一把钢丝刷，头顶烈日为儿子上了重要的一课：每一件工作都好比签名，你的工作质量实际上等于你的名字，只要脚踏实地，埋头苦干，迟早会出人头地。

他按照父亲的教导，用钢刷蘸着清洗液把砖头洗得干干净净。后来，克雷格·卡尔霍恩在西南食品超市由包装工升为存货管理员，整天干着装装卸卸、摆摆放放这样细小麻烦的工作，但他却一丝不苟，乐此不疲。有朋友屡次劝他："别把青春耗费在这种没出息的事情上！"他却不以为然，仍是坚守着自己的工作信条：工作无大小，干好当下每件事。

朋友认为他是个大傻瓜，一辈子也干不出什么名堂。然而，他却为自己干好了这桩谁都不愿干的工作而自豪不已，他相信父亲的话："只要自己不断努力，只要认真地做好每件事，上帝一定会眷顾你的。"果不其然，数年后，克雷格·卡尔霍恩脱颖而出，成为拥有8家商店，一年总营业收入达5200万美元的老板！

敬业精神是做好一件事的根本，是创造佳绩的前提；将敬业精神演变为一种习惯，一种做人做事的品质，将使你在平凡的岗位上做出不平凡的事，最终成就一番宏图伟业；把敬业精神作为员工精神倡导的企业，必将获得巨大的成功和胜利；持续保有这种精神的企业，则会赢得

客户的广泛认同和社会的尊重与赞誉。

然而，对工作始终如一的热爱，始终保持精益求精的工作作风，始终对工作富有责任感和敬业精神，却并不是一件容易的事，必须将工作当成自己的事来做，必须视工作为生命来看待，才能坚守这份执著。

有个老木匠准备退休，临走前，老板问他是否能帮忙再建一座房子，老木匠满口答应了。但是随后大家都看出来，他的心思早已不在工作上，他用的是软料，出的是粗活。

房子建好后，老板把大门的钥匙递给他，“这是你的房子，是我送给你的礼物。”

老木匠震惊得目瞪口呆，羞愧得无地自容。如果他早知道是在给自己建房子，怎么会如此漫不经心、粗制滥造呢？现在，他却不得不住在自己建造的粗糙房子里！

许多人又何尝不是这样呢？他们漫不经心地建造自己的生活，做事马虎，得过且过，凡事不肯精益求精，在关键时刻不能尽最大努力。等他突然惊觉的时候，早已被困在自己建造的“房子”里了。

假若把自己当成那个木匠，设想你在建一所房子，每天你敲进去一颗钉，加上去一块板，竖起一面墙，用你的智慧好好建造吧！你的生活是你一生唯一的创造，不能抹平重建，不能推倒重来。即便只有一天可活，那一天也要活得优美、高贵。请记住：“生活是自己创造的。”好好珍惜你当下的工作，把每一项工作当成是为自己做！

卢浮宫收藏着莫奈的一幅画，描绘的是女修道院厨房里的情景。画面上正在工作的不是普通的人，而是天使。一个正在架水壶烧水，一个正优雅地提起水桶，另外一个穿着厨衣，伸手去拿盘子——即使日常生活中最平凡的事，也值得天使们全神贯注地去做。

行为本身并不能说明自身的性质，而是取决于我们行动时的精神状态。工作是否单调乏味，往往取决于我们做它时的心境。

人生目标贯穿于整个生命，你在工作中所持的态度，使你与周围的人区别开来。日出日落、朝朝暮暮，它们或者使你的思想更开阔，或者使其更狭隘，或者使你的工作变得更加高尚，或者变得更加低俗。

每一件事情对人生都具有十分深刻的意义。你是砖石工或泥瓦匠吗？可曾在砖块和砂浆之中看出诗意？你是图书管理员吗？经过辛勤劳动，在整理书籍的缝隙，是否感觉到自己已经取得了一些进步？你是学校的老师吗？是否对按部就班的教学工作感到厌倦？也许一见到自己的学生，你就变得非常有耐心，所有的烦恼都抛到了九霄云外厂。

如果只从他人的眼光来看待我们的工作，或者仅用世俗的标准来衡量我们的工作，工作或许是毫无生气、单调乏味的，仿佛没有任何意义，没有任何吸引力和价值可言。这就好比我们从外面观察一个大教堂的窗户。大教堂的窗户布满了灰尘，非常阴暗，光华已逝，只剩下单调和破败的感觉。但是，一旦我们跨过门槛，走进教堂，立刻可以看见绚烂的色彩、清晰的线条。阳光穿过窗户在奔腾跳跃，形成了一幅幅美丽的图画。

由此，我们可以得到这样的启示：人们看待问题的方法是有局限的，我们必须从内部去观察才能看到事物真正的本质。有些工作只从表象看也许索然无味，只有深入其中，才可能认识到其意义所在。因此，无论幸运与否，每个人都必须从工作本身去理解工作，将它看作是人生的权利和荣耀——只有这样，才能保持个性的独立。

每一件事都值得我们去做。不要小看自己所做的每一件事，即便是最普通的事，也应该全力以赴、尽职尽责地去完成。小任务顺利完成，有利于你对大任务的成功把握。一步一个脚印地向上攀登，便不会轻易跌落。通过工作获得真正的力量的秘诀就蕴藏在其中。

心理学要点：

你的生活是你一生唯一的创造，不能抹平重建，不能推倒重来。即便只有一天可活，那一天也要活得优美、高贵。好好珍惜你当下的工作，把每一项工作当成是为自己做！

专注精神：专心致志于一件事，对目标有清楚的认识和执著的追求

很多大公司都重视员工的专注力。比如美国著名的IDM公司，他们招聘员工时，特别注重考察应聘者的专心致志的工作作风。通常在考核的最后一关，总是由总裁亲自出面。

曾通过面试，后来成为营销部经理的戴思特，在回忆自己当初应聘情景时说："那是我一生中最重要的一个转折点，一个人如果没有专注工作的精神，那么他就无法抓住成功的机会。"

那天面试时，公司总裁找出一篇文章对戴思特说："请你把这篇文章一字不漏地读一遍，最好能一刻不停地读完。"说完，总裁就走出了办公室。

戴思特心想：不就读一遍文章吗？这太简单了。他深呼吸一口气，开始认真地读起来。过一会儿，一位漂亮的金发女郎款款而来："先生，休息一会儿吧，请用茶。"她把茶杯放在桌上，冲着戴思特微笑着。戴思特好像没有听见也没有看见似的，还在不停地读。

又过了一会儿，一只可爱的小猫伏在他的脚边，用舌头舔他的脚踝，他只是本能地移动了一下他的脚，丝毫没有影响他的阅读，他似乎也不知道有只小猫在他脚下。

那位漂亮的金发女郎又飘然而至，要他帮她抱起小猫。戴思特还在

大声地读，根本没有理会金发女郎的话。

终于读完了，戴思特松了一口气。这时总裁走了进来问："你注意到那位美丽的小姐和她的小猫了吗？"

"没有，先生。"

总裁又说道："那位小姐可是我的秘书，她请求了你几次，你都没有理她。"

戴思特很认真地说："你要我一刻不停地读完那篇文章，我只想如何集中精力去读好它，这是考试，关系到我的前途，我不能不专注一些和更专注一些。别的什么事我就不太清楚了。"

总裁听了，满意地点了点头，笑道："小伙子，你表现不错，你被录取了！在你之前，已经有 50 人参加考试，可没有一个人及格。"他接着说："在纽约，像你这样有专业技能的人很多，但像你这样专注工作的人太少了！你会很有前途的。"

果不出所料，戴思特进入公司后，靠自己的业务能力和对工作的专注热情，很快就被总裁提拔为经理。

在非洲的马拉河，河谷两岸青草嫩肥，草丛中一群羚羊正在那儿美美地吃草。一只狼隐藏在远处，悄悄地接近羊群。突然，羚羊有所察觉而四散逃跑。狼像箭一般地冲向羚羊群，它的眼睛盯着一只未成年的羚羊，一直向它追去。在追与逃的过程中，狼超过了一头又一头站在旁边观望的羚羊，但它没有掉头改追更近的猎物，而是一个劲地直朝那头未成年的羚羊疯狂地追。终于，狼的前爪搭上了羚羊的屁股，羚羊绊倒了，狼牙直朝羚羊的脖颈咬了下去，它捕获了今天的食物。

一切肉食动物都知道在出击之前要隐藏自己，而在选择追击目标时，总是选那些未成年的、或老弱的、或落了单的猎物。在追击过程中，它为什么不改追其他更近的羚羊呢？因为在追击的过程中狼已很累了，而其他的羚羊一旦起跑，也有百米冲刺的爆发力，一瞬间就会把已经跑了百米的狼甩在后边，拉开距离。如果丢下那只跑累了的羚羊，改追一头不累的羚羊，到头来肯定是一只也追不着。

动物世界的这种普遍现象，也许是一种代代相传的本能，但它能给人类以启发，在职场工作中，也要借鉴这种智慧。

狼与生俱来的专注能力告诉我们，在从事任何工作的时候，都不要朝三暮四。三心二意的人到头来可能会一无所获。

专注力是狼身上的一大特质，也是一个优秀员工纵横职场的良好心理品格。一个人如果不能专注于自己的工作，是很难高效复命的。没有哪个老板会喜欢做事三心二意、三天打鱼两天晒网的员工。从这种意义上说，工作专心致志的人，就是能把握成功机遇的人，只有一心一意做事的人，才能受到老板的器重与提拔。

一个优秀的员工一定能够把他自己完全沉浸在他的工作里，此外没有别的秘诀。因为专注，我们会对自己的目标产生虔敬之意；因为专注，内心中会泉涌般滋长出创造的快感与灵魂的愉悦；因为专注，我们会更容易逼近成功的目标！

东莞速达科技有限公司董事长、总经理黄帅民，是一个年仅30岁的亿万富翁。翻开他成功的简历，人们不难发现，中国许多成功企业家所拥有的经历，在他身上也能发现：白手起家，从打工仔到跑营销再到自己做老板、办实业……在这些所有经历当中，最重要的一点也在于他的专注。

他初到广东打工时，就懂得踏踏实实地做事的重要性。在工厂里，他心无旁骛，只知道低头做好自己的工作。一次，工厂的老板来巡视，黄帅民没有像其他工人那样抬头观看，而是一心一意专注于自己的工作。正是他的这种埋头苦干、专注的态度为他赢得了机遇。不久，他就得到赏识，获得了提拔。也就从那时起，他开始与外面有了沟通，能力也得到了持续的提高，从场务管理做到业务主管，知识和经验越来越丰富，此后逐步走向成功。

一个人在进行工作时，应该专注当前正在处理的事情。如果注意力分散，头脑不是在考虑当前的事情，而是想着其他事情的话，工作效率就会大打折扣。即使事情再多，我们也要一件一件进行，做完一件事情就了结一件事情。全神贯注于正在做的事情，集中精力处理完毕后，再把注意力转向其他事情，着手进行下一项工作。

卡内基把自己的成功归因于勤奋和对某个目标持之以恒的毅力。他说："我专心致志于一件事情的时候，好像世界上只有这一件事。"正是这种对自身奋斗目标的清楚认识和执著追求，造就了他最后的成功。

李力原来在出版社从事校对工作，她曾为自己定下一条原则：除非有特殊紧急事件，否则就要全身心地投入到校对工作中去。她将所有的精神集中在一件事情上，即创造一个有创意与高效率的工作环境。换句话说，一坐到桌前，她就不再想别的事，哪怕手中的书稿校对到最后一页，她也绝不会去想下一部书稿的事。

没多久，李力就发现，她的这条原则能让她专心致志地去做，而且很少感到校对是一件枯燥无味的工作。她甚至发现一个小时的专心工作，抵得上一整天被干扰工作的成果。

当你集中精神，专注于眼前的工作时，你就会发现你将获益匪浅，你的工作压力会减轻，做事不再毛毛躁躁、风风火火。由于对工作的专注，还能激发你更热爱公司，更热爱自己的工作，并从工作中体会到更多的乐趣。

盖尔克是西门子中国区第一任销售总经理，他为德国西门子公司的电器产品占领中国市场立下了汗马功劳，他本人也因此赢得了名誉，取得了巨大的成功。

有记者采访他："你可以透露一下成功的秘诀吗？"

盖尔克说："秘诀谈不上，我从 1983 年开始在西门子工作，用中国人的话说已经有 19 年工龄。我始终有一个座右铭：工作要专心致志，一次只做好一件事。近 20 年来我一直坚持这样的信念，在西门子的市场部、产品销售部都工作过，如果说取得了一点成绩，这就是其中的原因。"

当今时代，做事是否专注，已成为衡量一个人职业品质的标准之一。一些企业文化提倡"爱岗、敬业"，倡导"干一行，专一行"，而我们工作中能够做到专注，全身心地投入，便是务实、敬业最基本、最实在的体现。如果上班做事时脑子里还想着球赛、彩票、电影、股票等等一些与工作无关的东西，连最基本的"专注"都做不到，如此身在曹营心在汉，谈何爱岗，又谈何敬业？更不用提精与专了！

只有把专注工作当作工作的使命并努力去做好，养成一次做好一件事的习惯，你的工作才会变得更有效率，你也更能乐于工作，你因而也更容易取得成功。

心理学要点：

一个优秀的员工一定能够把他自己完全沉浸在他的工作里，此外没有别的秘诀。因为专注，我们会对自己的目标产生虔敬之意；因为专注，内心中会泉涌般滋长出创造的快感与灵魂的愉悦；因为专注，我们会更容易逼近成功的目标！

团队意识：注重协作，个人事业的成功离不开团队后盾

作为一项工作中的个体，只有把自己融入到整个团队之中，凭借整体力量，才能把自己所不能完成的棘手的问题解决好。当你来到一个新公司，你的上司很可能会分配给你一个你难以独立完成的工作。上司这样做的目的就是要考察你的合作精神，他要知道的仅仅是你是否善于合作，勤于沟通。如果你不言不语，一个人费劲地摸索，这对你个人事业的发展是非常不利的。明智且能获得成功的捷径就是充分利用团队的力量整体作战。

A 公司是一家国内知名的生物科技公司，在市场部的一次人力资源招聘中，有 9 名优秀应聘者经过初试，从上百人中脱颖而出，闯入了由公司老板亲自把关的复试。

老板看过这 9 个人的详细资料和初试成绩后，相当满意，但此次招聘只有 3 个工作岗位，所以老板给大家出了最后一道题。

老板把这 9 个人随机分成 3 个小组，指定甲组去调查婴儿用品市场，乙组调查妇女用品市场，丙组调查老年用品市场。为了避免他们盲目开展调查，老板还给每人准备了一份相关行业的资料。

两天后，9 个人都把自己的市场分析报告送到了老板那里。老板看完后，走向丙组的 3 个人，向他们恭喜道："你们已经被本公司录用了。"

看着另外6个人大惑不解的表情，老板呵呵一笑说："我给各位的资料都不一样，甲组的3个人得到的分别是婴儿用品市场过去、现在和将来的分析资料，其他两组的也类似。但丙组的人最聪明，互相借用了对方的资料，补全了自己的分析报告。而甲、乙两组的人却分别行事，抛开队友，自己做自己的。"直到此时，被淘汰的6个人才明白，老板考核最后一道题的目的是，想看看大家有没有团队合作意识。甲、乙两组失败了，原因于他们没有合作，忽视队友的存在。

要知道，团队合作精神才是现代企业成功的保障。

比如，微软公司在开发Windows2000系统时，动员了超过3000名研发工程师和测试人员，写出了5000多万行代码。如果没有高度统一的团队精神，没有全部参与者的默契与分工合作，这项工程是根本不可能完成的。

微软公司所营造的团队合作的企业文化使其数以百计的"富翁员工"在赚取百万身价以后，却仍继续留在微软"卖命"工作。在某些人看来，这也许有点不可思议。但微软公司的"富翁员工"们却并不这样认为。

微软公司的工作条件并不安逸，相反，工作强度常常比同行业的其他公司要大得多。在这里，一周工作60个小时是常事。在主要产品推出的前几周，每周的工作时数还会过百。微软公司的津贴并不比同行业的其他公司高很多，甚至显得有点吝啬。

那么，是什么神奇的吸引力，竟使这帮百万富翁在取得经济独立后仍然如此卖命地工作呢？答案只有一个，那就是，完全超越了自我的团体意识。这种团体意识，已在微软公司落地生根。微软人认为，他们不属于自己，而是从属于某种特别的东西——"微软"这个团体。前总裁比尔·盖茨在谈到这种团队意识时说了一段耐人寻味的话："这种共创卓越的团队意识营造了一种刻苦向上的创造氛围，在这种氛围中，人们的开拓性思维不断涌现，员工的潜能得以充分发挥。”在微软，你不但享有公司的全部资源，同时还拥有一个能使自己大显身手、发挥重要作用的小而精的班级或部门。每一个人都有自己的主见，而能使这些主见变成现实的则是微软这个团队。

团队协作不是一句空话，一个懂得协作、善于协作的人，才能称得上是一个对企业发展有利的人才。

因此，一个有着良好的职业心理素质的人，是不会依仗自己业务能力比别人更优秀而傲慢地拒绝合作，或者合作时不积极，倾向于一个人孤军奋战。他明白在一个企业中，只有团队成功，个人才能成功，他完全以借助别人的力量使自己更加优秀。

李明不仅拥有令人钦羡的学历，而且在工作上也做出了很多成绩。他是公司辛勤工作的典范，他总是恪尽职守、专注手头的工作，老板对他所做的工作评价也很高。按照他的才能，他早就应该晋升到更高职位了，可他现在依然在原地不动。

即使是最重要的主管职位似乎也不需要他那么多年的学习经历，不需要这10年来兢兢业业的工作。李明不明白，为什么那些能力比他差的人都得到了晋升，而他的职位却一直可怜，连私人办公室都没有。

造成这种状况的一个很重要的原因是，李明不喜欢与人合作。他只是埋头于自己的工作，不喜欢和大家交流，如果团队其他成员需要他的协助，他不是拒绝就是很不情愿地参与。有时他宁可事事亲历亲为，也不向同事获取帮助。这样的孤军奋战，怎能成就大事？

只有团队成功，个人才能成功，对于每一个人来说，保证自己事业有成的一个重要方法就是让周围与自己共事的人喜欢你、欣赏你。只有善于合作，你周围上上下下的人才会希望你成功，并尽他们最大的努力来帮助你实现你的目标，同时也实现他们的目标。在团队成员的帮助下，你就能最大限度地发挥自己的才能，并成为举足轻重的成员。

心理学要点：

一个有着良好的职业心理素质的人，是不会依仗自己业务能力比别人更优秀而傲慢地拒绝合作，或者合作时不积极，倾向于一个人孤军奋战。他明白在一个企业中，只有团队成功，个人才能成功，他完全以借助别人的力量使自己更加优秀。

古德定律：充分沟通，了解对方需求，并找到双方的共同点

成功的沟通，靠的是准确地把握别人的观点，这是“古德定律”的精髓。如果你只一味地要求别人为你做什么，却不关心别人为你付出后可以得到什么，那你是达不到目的的。

成功合作的前提是：进入对方的心扉，知道他想要什么。任何人在合作中都想获得某种收益，都希望自己付出的心血、努力会得到回报。想成功合作，就需要满足对方的这些需要。

杜阳是一家装潢公司的客户经理，为了让更多的客户选择自己的公司，他准备和售楼部的人员搞好关系，以通过他们来帮自己介绍更多的客户。

来过售楼部好几次后，他和一个名叫王强的员工渐渐熟悉起来。于是，杜阳开始隔三差五地请王强吃饭，王强也从不拒绝。在酒桌上，杜阳委婉地表明了意图，说道：“最近来看房子的人不少吧？我听说好多户都交房了，但还没有装修。你知道我们公司的实力不错，价格又合理，多帮着推荐推荐。”

王强只顾点头称是，可一个月过去了也不见他给杜阳推荐客户。杜阳开始以为是王强不够意思，等他回家向老婆发牢骚后，老婆提醒了他：“你只请人家吃饭，可是人家给你介绍客户并不是冲着你的几顿饭来的。

不要光说让别人给介绍客户，你应该主动表示拿多少提成给人家。他不肯给你带客户来，就是因为你迟迟没有表示。看来你还不明白人家这样做的原因啊！”

其实在很多情况下，障碍来自于我们并不清楚合作方想要的到底是什么，如果我们无法满足对方的需求，就容易使问题复杂化。与人合作，就必须知道对方想要的或者所期望的是什么，能满足的就要认真满足；如果不能满足的，就要采取相应措施予以弥补。

那究竟怎样才能知道对方想要的是什么呢？两个字——沟通。对在沟通中获取的信息进行分析和判断，我们就比较容易知道对方想要的是什么。如果缺乏沟通，你合作的意图就会难以开展。

叶求远准备策划和组织一项大型活动，因为活动的开展需要一个单位的协助，所以叶求远一连好几天都往那个单位跑。见了负责人好多次，可那个部门的负责人既不说不给支持，也不说给，只是在饭桌上不断地诉苦，一会儿说最近任务多，人手不够，一会儿又说领导对这事把得很严。

叶求远向上级报告此事，上级领导觉得如果那么多借口何不痛快拒绝呢，于是派人去调查。后来通过搜集信息，他终于知道了其中的原因。原来那家单位不是不愿意协助，而是希望自己能够出现在主办方的名单里，仅此而已。找到了原因，叶求远自信满满地又找到负责人，很爽快地说写上他们单位的名字。问题就这么轻松解决了。

人与人之间会出现矛盾，往往是由于沟通不畅引起的，而沟通不畅的原因主要就是因为双方没有彼此了解造成的。如果当你向对方提出请求时，为了顺利达到目的，最好是站在对方的立场上思考他们想要什么，针对对方最关心的事去做文章，才能奏效。

有句话说得好：“你要想钓住鱼，就要像鱼那样思考。”所以，在与人交往的时候，设身处地替别人想想，了解别人的意愿，这比一味地请求对方要高明得多。人都渴望被尊重、被理解。只有你换位思考，才能真正体察别人所需，办起事来才会把力使在点子上。

现代工作关系的最佳合作方式就是共赢，要想达到双方的共赢，就必须找到所谓的共赢点，这个点的关键就是首先知道对方想要的是什么，也就是把对方想要的作为共赢点。我们会有很多和别人合作的时候，和谐顺畅的合作关系当然是我们所期待的，但是如果我们在寻求合作的时候遇到障碍，就需要高度重视。

心理解学要点：

我们首先应该想到，是不是自己没有满足对方最想要的？变换角色，深入体察之后，就要想办法尽量满足。惟有这样，双方才会合作愉快，你的工作才会顺利进展。

华盛顿合作定律：心往一处想，劲往一处使，事半功倍

一个人敷衍了事，两个人互相推诿，三个人则永无成事之日。这样的加法得出的结果自然越加越少。这里所说的就是“华盛顿合作定律”。

如果两个或是两个以上的人一起工作，大家互相勾心斗角，各自为政，必然会事倍功半。而如果所有的人都能齐心合力，大家心往一处想，劲往一处使，结果则必然是事半功倍了。

一家中型贸易公司的核心部门被分为两个组。

孟奇是其中一组的领头人，他跟随老板打拼多年，称得上是元老级的人物，虽然脾气不太好，但工作能力还是不错的，对老板也极为衷心。

第二组的领导刘兵是后来招聘进来的，不仅工作能力强，人际关系也很好，常向老板提出一些建议，老板也很看好他。

随着业务的扩大，老板打算在他们两人中升其中一人做公司的副总经理。孟奇和刘兵知道消息后，便开始各自行动。

孟奇自从知道有机会升职，就开始对客户更加积极，对供应商更加苛刻，常常为了降两三分钱不顾供应商的利益，不断向工厂压价。本以为这样做会获得老板的认同，但在一次业务报告会议上，刘兵却对孟奇横加指责。

刘兵报告老板说由于孟奇对工厂施压过重，造成工厂不得不对自己组的产品增加费用，且合作态度下滑。另一方面也担心第一组的产品质量会不过关。孟奇立刻反驳说自己是在保证质量的前提下进行压价的。老板没有说什么，只是静观结果。

最后的结果如刘兵所说的，这月的产品大货验货中，质检没有通过，工厂虽然愿意部分返工，但延误了时间也会造成损失。

于是公司员工都开始抱怨孟奇为了自己的利益过分压价。自然，这个言论的首传者就是刘兵。最后的结果是：这批货交货迟了，客户要求赔偿损失，公司无奈答应，这次的生意自然也没赚取多少利润。

每家公司都免不了存在“办公室政治”。甲今天说了几句不该说的话让乙很没面子，下次乙找个机会打甲的小报告，却被甲的朋友丙听见了，丙在工作中就故意使绊子，又在无意中损害了丁的利益……长此下去，这个打结的线团会越缠越大。“办公室政治”是引起内耗的主要原因，也是华盛顿合作定律的最直接表现。

在职场中，或大或小的矛盾总不可避免。找到一个中和点才是解决问题的关键。究竟如何才能克服华盛顿合作定律带来的不利影响呢？

第一，设定目标明确分工

详细的职务设计能够使大家轻易看出谁在敷衍，谁在推诿。

第二，卸掉包袱，轻装上阵

如果每个人都在不断地积累怨恨、愤怒，就会形成今后交往的障碍，消磨斗志，影响效率，而如果你宽容大度一些，你的态度就会影响到别人，从而形成良好的办公室氛围。

第三，消除办公室帮派带来的不利影响

企业内部有帮派，每个派系都有自己的核心群体，不同派系的人员控制的部门之间的协作基本上是很难实现的，这样，企业就不再是一个统一的集体，企业的资源和力量也不再朝向同一个目标，涉及不同部门之间或者不同派别的人之间的工作任务，需要花费很多的时间进行沟通，容易导致大家对一件事情互相踢皮球，甚至相互推卸责任。

要处理好企业的内部帮派问题，员工们就不能互相猜疑、互相排斥从而影响企业的运作效率。

心理学要点：

工作中，要努力化解个人与个人之间，帮派与帮派之间的隔膜、斗争。勾心斗角只会消磨志气，燃起内讧。只有大家齐心协力，才能使 1+1 大于 2。

04 回归自我，审视内心，生命因你而精彩！

杜根定律：追根溯源，凡事成败取决于一心

站在心理学的角度分析，在人们身上发生的很多事，最后都可以归结到自我内在的原因上来。“杜根定律”对此就是一个最好的诠释。

“强者不一定是胜利者，但胜利迟早属于有信心的人。”——说这句话的是D·杜根，他曾是美国职业橄榄球联会主席。他提出的这一观点就是心理学上常常讲到的“杜根定律”，它最大的意义就是把我们的视角拉回到自我这一核心上来。审视自我，有很多事要做，但首要的却是要树立信心。信心对于一个人的人生成败有着重要的决定意义。

想必大家都看过足球比赛，在看比赛的时候，带给我们最直观的感受的可能是球员们技艺的高低。很多人都会想当然地认为，足球比赛的胜负全在于球员发挥得好不好，技术是不是高。事实也许并非如此，球员的心理素质在关键时刻可以左右比赛的结果。

在一次重大的足球比赛中，两支球队打平，需要靠点球决胜。一个一流的足球名将竟然将球高高踢飞。因为这关键的一球，球队点球输给了对手。

赛后，教练问那位把球踢飞的足球名将为什么会失败，他说他满脑子想的就是千万别踢出球门。如果他当时自信能射中球门，就会是另外一种结果。

由此可见，一个人的心理状态，可以直接影响到他的实际行动。在

什么样的心理状态下可以产生什么样的结果。一个人心理素质的高低在关键时刻起着非常重要的作用。

你有没有听过这样一个故事，说有一个人经常出差，经常买不到对号入座的车票。可是无论长途短途，无论车上多挤，他总能找到座位。他的办法其实很简单，就是耐心地一节车厢一节车厢找过去。这个办法听上去似乎并不高明，但却很管用。每次，他都做好了从第一节车厢走到最后一节车厢的准备，可是每次他都用不着走到最后就会发现空位。他说，这是因为像他这样锲而不舍找座位的乘客实在不多。经常是在他落座的车厢里尚余若干座位，而在其他车厢的过道和车厢接头处，居然人满为患。

实际生活中，大多数乘客容易被一两节车厢拥挤的表面现象迷惑住，不大细想在数十次停靠之中，从火车十几个车门上上下下的流动中蕴藏着不少提供座位的机遇；即使想到了，他们也没有那一份寻找的耐心。他们不相信自己能去找到个座位，觉得即使有个空位置在那里，别人也会先发现的，自己是抢不过别人的，那么干脆还是不去找了，劳神劳力的，说不定最后连个好好站的地方都没有了。

那么还是人心的问题。人们心里都想为自己找到最好的位置，但是各人的想法不一样，有自信的人要想找到座位，没有自信的人觉得能有一个站的地方就满足了。如果你缺乏自信，那么就是安于现状的一族，永远不会觉得自己能成功，也许你想要的位置就在不远处看着你，可是你胆怯地认为别人会比自己快。因此，这样的乘客大多只能在上车时的落脚之处一直站到下车。

我们无时无刻不在展现我们的心理状态，无时无刻不在表现希望或者担忧。如果我们展示给人的是一种自信、勇敢和无所畏惧的印象，如果我们拥有震慑人心的自信，那么，我们的事业必定会获得巨大的成功。如果我们养成了一种必胜信心的习惯，那人们就会认为，我们比那些丧失信心或给人以软弱无能、自卑胆怯印象的人更有可能赢得未来。

那些做出过不同寻常壮举的人，总是对自己拥有超乎常人的信心。古罗马的恺撒大帝，一次在船上遭遇暴风雨，艄公非常担心，恺撒则说："你担心什么呢？怕沉船？不要担心，要知道，你是和恺撒在一起！"

命运给我们在社会等级上安排好了一个位置，为了不让我们在到达这个位置之前就跌倒，它要让我们对未来充满希望，正是由于这个原因，那些雄心勃勃的人都带有过分强烈的"自以为是"的色彩，甚至到了让人难以容忍的地步，但这却是为了让他获得继续向前的动力。一个人的自信正预示着他将来的大有作为。

正如德国哲学家谢林说的——一个人如果能够意识到自己是什么样的人，那么，他很快就会知道自己应该成为什么样的人。但他首先在思想上得相信自己的重要，很快，在现实生活中，他也会觉得自己很重要。

心理学告诉我们：只有自己轻视自己，别人才会轻视你。生命的价值，在不同的环境里就会有不同的意义，只要自己看重自己，自我珍惜，生命就有意义和价值。如果你只接受最好的，你最后得到的往往也是最好的，只要你有信心。

心理学要点：

我们无时无刻不在展现我们的心理状态，无时无刻不在表现希望或者担忧。如果我们展示给人的是一种自信、勇敢和无所畏惧的印象，如果我们拥有震慑人心的自信，那么，我们的事业必定会获得巨大的成功。

自我赏识：世界只有一个你，你的作用不可替代

闻名世界影坛的意大利著名电影明星索菲亚·罗兰能够成为令世人瞩目的超级影星，和她心理上的自信是分不开的。

小时候的索菲亚·罗兰发育很晚，长得干巴巴的，又瘦又矮，看着周围的女孩子们为自己高高的身材而得意的样子，她觉得自卑极了。可是又有什么办法呢？罗兰是个私生女，母亲带着她又艰难地度日，再加上当时正赶上第二次世界大战，能吃饱就不错了，哪里还顾得上营养呢？

带着自卑的情绪，罗兰长到了 15 岁。这时候，她已经用不着再为自己的干瘪而忧心忡忡了，因为她已经长成大姑娘了，而且胸部丰满，臀部发达。

不过，她家里面还是非常的穷。为了生存，加上对电影的热爱，罗兰来到了罗马，想在这里涉足电影界。没想到，对未来怀着希望和憧憬的她，却连连碰壁。

第一次试镜头，罗兰就失败了，所有的摄影师都说她够不上美人标准，都抱怨她的鼻子和臀部。没办法，导演卡洛·庞蒂只好把她叫到办公室，建议她把臀部削减一点儿，把鼻子缩短一点儿。一般情况下，许多演员都对导演言听计从，因为导演有权让他们走上银幕，也有权让他们离开电影圈。可是，小小年纪的罗兰却非常有勇气和主见，拒绝了对

方的要求。她说："我当然懂得，因为我的外形跟已经成名的那些女演员颇有不同，她们都相貌出众，五官端正，而我却不是这样。我的脸毛病太多，但这些毛病加在一起反而会更有魅力呢。如果我们的鼻子上有一个肿块，我会毫不犹豫把它除掉。但是，说我的鼻子太长，那是无道理的，因为我知道，鼻子是脸的主要部分，它使脸具有特点。我喜欢我的鼻子和脸的本来的样子。说实在的，我的脸确实与众不同，但是我为什么要长得跟别人一样呢？我要保持我的本色，我什么也不愿改变。"

由于罗兰的自信，使导演卡洛·庞蒂真正地认识了索菲亚·罗兰，了解了她并且欣赏她。后来，卡洛·庞蒂成了罗兰的丈夫。由于罗兰没有对摄影师们的话言听计从，没有对自己失去信心，所以她才得以在电影中充分展示她的与众不同的美。而且，她的独特外貌和热情、开朗、奔放的气质开始得到人们的承认。在 20 年的演艺生涯中，她先后在 75 部影片中扮演角色，被人们称为"从贫民窟飞出来的天鹅"。其间，她主演的《俩妇人》获得巨大成功，她因此而荣获奥斯卡最佳女演员金象奖。

大自然既然造就了每一个人，就赋予了每个人独特的容貌、身材、气质、聪慧。也许你会觉得自己太平凡、太普通，但是，你应该对自己有信心，相信你是独一无二的，相信世界上只有一个你，你所能做的事将是别人无法替代的。

你如果长相一般，那么你可能拥有白皙的皮肤或是迷人的眼睛；假使你不太聪明，那么你可能拥有灵巧的双手或是非常好的想象力。总之，人无完人，上帝对待每个人都是公平的，关键是你如何去发现你的美丽。也许你少了珍珠，但你会拥有钻石；你可以放弃任何人，但你永远不能放弃挖掘自我。我们要学会欣赏自己，相信你是最特别的一个。有的人评价别人时，发现任何一处美丽，而观察自己却显得那么愚钝，对所有的优点视而不见。对自己宽容一点儿，大度一点儿，始终相信再多一点点耐心，自己就会释放出无穷的魅力。

有一个年轻人，很想做出一番自己的成就来。开始，他也总是尝试着鼓足勇气去做好每一件事情。然而，由于他对自己失去信心，结果一事无成。为此他感到很自卑。

一个偶然的机会，他去拜访了一位成功的长者，希望从那位长者那里获得一些成功的启示。见面之后，他问了长者一个问题："为什么别人努力的结果总会成功，而我努力的结果却那么糟糕呢？"

长者微笑着摇了摇头，反问了他："如果，现在我送你'芳香'两个字，你首先会想至卅么呢？"想了一会儿，年轻人回答说："我会想到糕点，虽然我开办不久的糕点店已在前些日子停业了，但是我仍会想到那些芳香四溢的糕点。"长者点了点头，然后，便带他去拜访一位动物学家朋友。在见面后，长者问了动物学家一个相同的问题。动物学家回答道："这两个字，首先会使我想到眼下正在研究的课题——在自然界里，有不少奇怪的动物，利用身体散发出来的芳香做诱饵，捕捉食物。"之后，长者又带他去拜访一位画家朋友，也问了对方这么一个问题。画家回答道："这两个字，会使我联想到百花争妍的野外，还有翩翩起舞的少女。芳香，能够给我的创作带来灵感。"从那位画家的家中出来之后，年轻人仍不明白长者的用意。

在返回的途中，长者顺便又带他去拜访了一位久居海外、刚刚回国探亲的富商。在谈话中，长者也问了对方这么一个问题。那位久居海外的富商动情地说："这两个字，会使我联想起故乡的土地。故乡土地的芳香，令我魂牵梦绕。"辞别那位富商之后，长者才问那个年轻人："现在，你已经见过不少出色的人物了。那么，他们对'芳香'的认识与你相同吗？"年轻人仍不解地摇了摇头。长者继续问道："那他们对'芳香'的认识，有相同的吗？"年轻人又摇了摇头。

此时，长者笑了，然后意味深长地说："其实在生活中，每一个人都有与众不同的芳香，你也一样呀，拥有自己的芳香。为什么你现在做得不像别人那么出色呢？那是因为你只是在看别人如何欣赏他们自己的芳香，而你把自己的芳香给忽视了。"

我们每个人都要相信自己行，我们要明白自己是唯一的，自己是一流的，只要我们相信自己是优秀的，就没有不成功的理由。《世界上最伟大的推销员》的作者奥格·曼狄诺说："我是自然界最伟大的奇迹。自从上帝创造了天地万物以来，没有一个人和我一样，我的头脑、心灵、眼睛、耳朵、双手、头发、嘴唇都是与众不同的。言谈举止和我完全一样的以前没有，现在没有，以后也不会有。虽然四海之内皆兄弟，然而人人各异。我是独一无二的造化。"

欣赏自己，不是鄙视别人的狂妄自大，而是源于对自己生命的珍视和热爱；欣赏自己，不是让自己成为"井底之蛙"，不见更广阔的天空，而是让自己抛弃浮躁后更成熟地走向远方。

心理学要点：

你应该对自己有信心，相信你是独一无二的，相信世界上只有一个你，你所能做的事将是别人无法替代的。

手表定律：替自己做主，不要被别人的言论所左右

有没有发现这样一个现象：如果你手上只有一块表，你会完全相信表上的时间；但当你有两块或更多的表时，你对时间的概念却变得模糊了，你会担心每块表之间有误差，反而不敢确定哪个时间更为准确。更多钟表并不能告诉人们更准确的时间，反而会让看表的人失去对准确时间的信心——这是心理学上的“手表定律”，它所揭示的是究竟人们心理上的自信会受哪些因素动摇，而面对外部的诱因，我们究竟是该坚持己见，还是改变想法。

现实生活中，外部诱因经常发生，我们身边常常会出现几块“手表”，他们或来自于我们的父母、或是朋友、同事。每当我需要做出一个决定的时候，这些“手表”就会告诉我们他们认为是正确的选择，意见一多，我们究竟应该听谁的？这样一来，你也许就会无所适从。

在这种情况下，心理学家建议我们用潜意识去做出一个最符合我们心理需求的决定，不要被别人所干扰，而应该遵从自己内心的选择。我们要学会掌控自己的生活，而不是被别人的言语和想法所控制。父母、朋友、同事、领导……反正所有“别人”的意见都不能占主导地位，只有你才是自己命运的主宰。

马东原来是某公司销售部的一员，销售这份工作很有挑战性，这正符合他的个性，他也非常喜欢，工作成绩一直不错。结婚后，他的妻子

不喜欢他整天东奔西跑的，就希望他换个稳定点的工作，他岳父岳母也常常唠叨说："本科毕业什么工作不好找，偏偏要做什么销售人员，有什么出息，还是找机会调调吧。"他本不想换工作，因为他觉得自己能在销售这一块做出点成绩。但是经不住亲人的软磨硬泡，他终于答应换个工作了。

在一位朋友的帮助下，马东在一家公司当上了总经理助理，妻子家人都为他高兴，不住地称赞他。可是他开始变得不快乐，对自己没有信心，很简单的事情也感觉自己不能胜任。尤其是工作的繁琐更让他头痛，每天上班就像例行公事一样，他不知道自己工作的意义何在，再也找不到当初工作的成就感和愉悦感。于是，他开始不喜欢上班，下了班心情也不好，整个人都变了。

终于有一天，他决定要按照自己的意愿去生活，要做自己真正喜欢的工作。于是他毅然辞去了安逸的总经理助理职务，重新做起了销售。换回工作后，马东马上就恢复了原来的信心和斗志，不久就被提升为销售部经理，人也变得意气风发起来。

人在环境或他人的压力下，违心选择了自己并不喜欢的道路，只会让自己痛苦，即使取得了受人瞩目的成绩，也体会不到成功的快乐。如果你不能遵从你内心真实的想法，就会在别人的建议和自己的心声之间徘徊打转，把自己搞得筋疲力尽。要想拥有美好的生活，就需要打破别人强加给自己的禁锢，坚持自己的想法。

没有自我的生活是苦不堪言的，没有自我的人生是索然无味的。一位作家指出：我们此生不一定要成大名、立大功，可是，我们一定要明白自己的梦想，并把它具体起来，使它成为可能，然后去追求它，去实现它。追寻一个梦想是一种绝大的幸福和快乐。你也曾体会过这种幸福和快乐吗？大胆坚持自己认为是对的东西，只有这样，你才能掌控自己的前途。

彼得·希尔从圣约翰大学商学院毕业后就继承了父亲的事业，这是一个昔时十分辉煌、今天却生机不足的大公司。希尔初生牛犊不怕虎，既然自己已经接管了公司，就有权做主。于是他在咨询了著名的柯维顾问后，决定重组公司结构。

但这样大刀阔斧的改革一开始就受到了诸多阻挠，股东们都反对希尔的方案，一致觉得希尔没有经验，只不过是刚刚毕业的徒有理论知识的小毛头，在他们看来，这些整改措施是幼稚的，于是群起反对这种大规模的改革。有人提出一种新的解决方案，有人又提出另外一些，但希尔都没有采纳，而是坚持自己的想法。于是在股东们一片不满声中，他完成了重组公司的任务。

一年后，公司发生了巨大的变化：在第一年的头两个月中，他在销售组织中排名第一。他自己设计软件，编写程序来了解和控制市场的变化，他很快就以销售兼服务的领导身份在市场内获得了良好的声誉。客户们纷纷被吸引到他的公司来与他合作。公司在银行里的存款也达到了几十万美元。

如果没有希尔当时斩钉截铁的态度，那这个公司如今肯定还是像以前一样负债累累。正是因为不被众多人反对的声音压倒，坚持己见，希尔才使公司重新走上了正轨。

一位通晓做人内在法则的人士指出："当别人对你说，'快看这儿'或'瞧那儿'的时候，请你不要盲目地追随他们，因为幸福世界就在你的心中。"做人做事也是一样，不要被别人的言论所左右，每个人都要做到明确目标、不受干扰。

不要被众多的意见所左右，如果你认为自己的方案足够好，那就要坚持。周旋于多个建议中，你心中的标尺就会失效。做人最可贵的事情莫过于坚持自己的看法，替自己做主，而不是盲目从众，以致在别人的观点里迷失了自己的道路。

心理学要点：

追寻一个梦想是一种绝大的幸福和快乐。你也曾体会过这种幸福和快乐吗？大胆坚持自己认为是对的东西，只有这样，你才能掌控自己的前途。

韦奇定律：排除干扰，坚守信念，让希望之火永不淹灭

很多人都碰到这种情况，经常自己打定了一个主意，却发现周围有朋友与自己的意见相左，而且不是一位两位，人数众多，于是，他们的心也就开始动摇了，慢慢就开始否决了自己原来的想法。这种心理现象被称为“韦奇定律”。它是由美国加州大学经济学家伊渥·韦奇提出的。也就是说即使我们已经有了自己的见解，但如果受到大多数人的质疑，恐怕就会动摇甚至放弃。

而有坚强的希望和信念，才能让一个从事至今坚持自己的想法。马克·吐温说：“信念达到了顶点，能够产生惊人的效果。”这句话告诉我们，想要成功，必须从头至尾保持坚定的信念，唯有信念能让你的欲望之火不灭，能让你支撑到最后一刻。

有位老教师在整理阁楼上的旧物时，发现了一叠练习册，那是 50 年前他教授幼儿园时 31 位孩子的作文，题目是《未来我是……》。

他顺便翻看了几本，很快被孩子们千奇百怪的自我设想迷住了。比如：有个叫彼得的小家伙说，未来的他是海军大臣，因为有一次他在海中游泳，喝了 3 升水，都没有被淹死；还有一个说，自己将来必定是法国总统，因为他能背出 25 个法国城市的名字；最让人称奇的是一个叫戴维的小盲童，他认为，将来他必定是英国的一个内阁大臣，因为在英

国还没有一个盲人进入过内阁。总之，31 个孩子都在作文中描述了自己的未来。

老教师读着这些作文，突然有一种把这些本子重新发到同学们手中的冲动，让他们看看自己是否实现了 50 年前的梦想。当地一家报纸得知他的这一想法，就为他发了一则启事。没几天，书信向他飞来。他们中间有商人、学者及政府官员，更多的是没有身份的人，他们表示，很想知道儿时的梦想，于是老教师按地址——给他们寄去了练习薄。

一年后，他身边仅剩下一本作文薄没有寄出。他想：这个叫戴维的人也许死了，毕竟 50 年了。就在他准备把这个本子送给一家私人收藏馆时，他收到内阁教育大臣布伦科特的信。他在信中说："那个叫戴维的就是我，感谢您还保存着我们儿时的梦想。不过我已经不需要那个本子了，因为从那时起，我的梦想就一直在我的脑子里，我没有一天放弃过；50 年过去了，可以说我已经实现了那个梦想。今天，我还想通过这封信告诉我其他的 30 位同学，只要不让年轻时的梦想随岁月飘逝，成功总有一天会出现在你面前。"

人生就是这样，只要信念在，希望就在。无论遇到多少阻碍，无论遭受多少艰辛，无论经历多少苦难，只要一个人的心中有一粒信念的种子。那么总有一天，他就能走出困境，让生命之树开花结果。

想要成功，必须从头至尾保持坚定的信念，唯有信念能让你的欲望之火不灭，能让你支撑到最后一刻。在人生的海洋里，信念不灭，我们的船就不会沉没。

随着《哈里·波特》风靡全球，它的作者和编剧罗琳成了英国最富有的女人，她所拥有的财富甚至比英国女王的还要多。但广大读者可知道，她也曾有过一段穷困落魄的日子。

罗琳从小就热爱英国文学，热爱写作和讲故事，而且她从来没有放弃过。大学时，她主修法语。毕业后，她前往葡萄牙发展，和当地的一位记者结了婚。但不幸的是，婚后丈夫的本来面目暴露无遗，他殴打她，并不顾她的哀求将她赶出家门。

丈夫离她而去，工作没有了，居无定所，身无分文，再加上嗷嗷待哺的女儿，罗琳一下子变得穷困潦倒。她不得不靠救济金生活，经常是女儿吃饱了，她还饿着肚子。

但是，家庭和事业的失败并没有打消罗琳写作的积极性，用她自己的话说："或许是为了完成多年的梦想，或许是为了排遣心中的不快，也或许是为了每晚能把自己编的故事讲给女儿听。"她整天不停地写，有时为了省钱省电，她甚至待在咖啡馆里写上一天。

就这样，在女儿的哭叫声中，她的第一本《哈利·波特》诞生了，并创造了出版界奇迹，被翻译成35种语言在115个国家和地区发行，引起了全世界的轰动。

即使生活艰难，她也坚信有一天，她必定会达到事业的顶峰。

罗琳从未远离自己的信念，并坚持到底，所以她为自己赢得了成功的光环和巨大的财富。她的成功恰恰在于坚持自己的信念。

在前行的路上，我们会听到各种不同的声音，肯定的也好，否定的也罢，只要你经过深思熟虑，只要你坚信自己是对的，那就要坚定不移地朝前走。遗憾的是，太多的人不能坚守自己的信念，故只有羡慕别人的成功。要知道，唯有信念能让你支撑到终点，世上没有不可能的事，只要你的信念足够强大！只要你一直坚守你的信念，只要你不停下脚步，就一定可以创造生命的神话。

心理学要点：

人生就是这样，只要信念在，希望就在。无论遇到多少阻碍，无论遭受多少艰辛，无论经历多少苦难，只要一个人的心中有一粒信念的种子。那么总有一天，他就能走出困境，让生命之树开花结果。

价值认定：只要多尝试，你就可以实现心中所期盼的一切

海菲参加同学会时，突然被要求谈一些有关最近盛行的欧洲旅游的话题。由于这是他头一次在众人面前讲话，所以话中常有断续和紧张的情况出现。

但是，同学会结束后，其中有一位老同学跑来跟海菲说："你所讲的内容非常有趣，希望今后有机会能再听你演讲。"

在被这位老同学恭维之前，海菲从未想过尝试在公众面前讲话。于是，他开始觉得自己并不是那么差劲，对自己的演讲才能又多了一份信心。后来，海菲竟然成为企业经营方面的专门演说家了。

海菲认识到：我们常常会一味地认定自己是个什么样的人，却无视于这样的认定是否正确而影响了我们的人生。比如说，你坚决相信自己不聪明，那么这个信念就真的控制了你的脑子，使它无法聪明起来。这跟学习的方式不对而导致学不好是不同的，因为当有了好老师在一旁指点，学习成效便能很快地增进。大多数人认为改变学习方式并不是件难事，可是对于改变自己——改变认定自己是个什么样的人——却认为简直是件不可能的事，这也就是何以我们会常听到人们这么说："我就是这个个性，改不掉！"人生若是持这种态度，就是在扼杀可能的机会，给自己留下永久而无可改变的问题。

下面的故事，从另一个方面诠释了同样的道理：

有一天，一位禅师为了启发他的门徒，给他的徒弟一块石头，叫他去蔬菜市场，并且试着卖掉它。这块石头很大，很好看。但师父说："不要卖掉它，只是试着卖掉它。注意观察，多问一些人，回来告诉我在蔬菜市场它能卖多少钱。"这个人去了。在菜市场，许多人看着石头想：它可以作很好的小摆件，我们的孩子可以玩，或者我们可以把这当作称菜用的秤砣。于是他们出了价，但只不过几个小硬币。徒弟回来说："它最多只能卖到几个硬币。"

师父说："现在你去黄金市场，问问那儿的人。但是不要卖掉它，光问问价。"从黄金市场回来，这个门徒很高兴，说："这些人太棒了。他们乐意出到 1000 块钱。"师父说："现在你去珠宝商那儿，但不要卖掉它。"门徒去了珠宝商那儿。他简直不敢相信，他们竟然乐意出 5 万块钱，门徒不愿意卖，他们继续抬高价格——出到 10 万。但是门徒已经打定了主意说："我不打算卖掉它。"他们又说："我们出 20 万、30 万，或者你要多少就多少，只要你卖！"门徒说："我不能卖，我只是问问价。"话虽如此，他连自己都不能相信："这些人疯了！"他认为蔬菜市场的价已经足够了。

回来后，师父拿回石头说："我们不打算卖了它，不过现在你明白了，看你是不是有试金石、理解力。如果你是生活在蔬菜市场，那么你只有那个市场的理解力，你就永远不会认识更高的价值。"

你了解自己的价值吗？不要在蔬菜市场上寻找你的价值，为了"卖个好价"，你必须让人把你当成宝石看待。

现代社会最为流行的神话之一就是：我们可以得到我们心中所期盼的一切。

人生奇妙，不管我们怎样认定自己，哪怕那种认定是不好的或有害的，最终我们的人生必然会跟着那种认定走。我们每个人都拥有无穷的能力，只要我们能够改变对自我的认定就成了。

心理学要点：

我们常常会一味地认定自己是个什么样的人，却无视于这样的认定是否正确而影响了我们的人生。跳出这种思维误区，改变对自我认定的局限，相信自己拥有无穷的能力，可以让梦想成真。

积极的心理暗示：相信自己能赢，就一定能赢

麦克阿瑟将军在西点军校入学考试的前一晚紧张至极。他母亲对他说："如果你不紧张，就会考取。你一定要相信自己，否则没人会相信你。要有自信，要自立。即使你没通过，但你知道自己已全力以赴了。"发榜后，麦克阿瑟名列第一。

选择自信的人，会改变自己的态度。在日常生活中，勇敢地决定和行动，培养自己的信心。选择恐惧的人，是因为没有培养积极的心理。

找出心中那股神秘的力量，你会发现真实的自我。然后，你可能会做一盘更好的菜肴，写一本更好的书，或作一次更精彩的演讲。成功的坦途通往你的大门，世界会肯定你，而且奖励你。不论你原来是谁，不管你过去多么落魄，成功都会属于你。

有人问美国橄榄球教练约翰逊："你是怎么把达拉斯牛仔队这个烂摊子改造成一支战无不胜、无坚不摧的超级杯冠军队的？"

约翰逊说。"相信自己能赢，就一定能赢"，他还举了一个现实生活中的例子——他说："几年前，德克萨斯技术大学一位叫阿尔伯特·金的研究生做过一个试验。他召集了一帮劳工，办了一个电焊培训班。金告诉教电焊的老师，班上某某等人具有电焊天才，是好苗子。其实，金只是随便点几个人的名字而已，他自己对这些工人的才能如何也一无所知。但是，老师却把金的话记在心里。他真的把那几个人当作好苗子，

经常用肯定和鼓励的语言促其上进，并明确无疑地对其寄予很高的期望。结果，培训班结束后，那些最初被金点过名的人真成了班上的佼佼者。”

约翰逊又说：“不论我是把一个球员当作一个胜利者看待，还是将整个球队看作一支冠军队，或者是将教练助理视为甲级队中最聪明、最勤奋的教练助理，关键是我树立起了球队的自信，这才是我们赢的真正动力。”

相信自己能赢，就一定能赢！这就是约翰逊仅经过短短的 4 个赛季就把一支失魂落魄的橄榄球队塑造为全美超级杯冠军队的秘诀。

人的本性就是追求目标，实现心愿。不论你的愿望是什么，只要你目标明确地想干成什么事，想成为什么样的人，你的大脑和神经系统就会源源不断地提供你所需要的信息，驱使你自觉地甚至是无意识地向着追求目标、实现愿望的方向运动。所以，我们可以相信，坚持心理上的积极的自我暗示，就会使自己变得自信主动，有生气、有活力、有创造性。

心理学要点：

找出心中那股神秘的力量，你会发现真实的自我。然后，你可能会做一盘更好的菜肴，写一本更好的书，或作一次更精彩的演讲。成功的坦途通往你的大门，世界会肯定你，而且奖励你。不论你原来是谁，不管你过去多么落魄，成功都会属于你。

暗示的力量：有效引导自我暗示发挥其正面的作用

在所有对自我心理有着重要影响的因素里，暗示、尤其是自我暗示有着强大的作用。

暗示是一种心理影响，它通过使用语言、手势、表情等，把某种概念或结论输入一个人的大脑。使之不加考虑地接受某种意见或做某件事情。

俄国生理学家和心理学家巴甫洛夫认为：人是惟一能够接受暗示的动物；暗示是人类最简单、最典型的条件反射。

暗示的方式有很多种。暗示可以是语言的、行动的、表情的，也可以是某些符号。比如，商场的橱窗里经常摆放着穿着时令服装的塑料模特，这是对我们的“符号暗示”，似乎在对我们说：“这件衣服多漂亮啊，快来买吧”；当我们看到一些人在商场里选买这些衣服，我们可能又获得一种“行为暗示”，就是“这衣服不错，挺受欢迎”；而某个人买完衣服后喜形于色，又会对我们形成“表情暗示”；有的人买完衣服后赞不绝口，说物美价廉，又会给我们传递“语言暗示”。这些暗不都使我们感觉到这些衣服不错。

这些符号、行动、表情和语言，虽然没有直接“号召”我们去买衣服，却可能通过暗示，传递这种信息，达到这种目的。

甚至咳嗽的声音也可以成为暗示。美国有一种戒烟电话，当一个人烟瘾上来难以抑制时，如果拨打这个电话号码，会听到里面有令人难受的气喘和咳嗽声。这样，吸烟的人就会在心理上产生对吸烟的厌恶和排斥，从而更乐意戒烟。这其实就是利用暗示效应，通过咳嗽和气喘的声音，使人们感觉到吸烟对人体健康的巨大危害，从而使人们在心底产生对吸烟的厌恶和恐惧，帮助人们打消烟瘾，得以戒烟。

那么，人在生活中，为什么会不自觉地接受各种“暗示”呢？

这是因为，人的判断和决策过程，是由人格中的“自我”部分综合了个人需要和环境的限制之后做出的。这样的决定和判断，我们称为“主见”。一个“自我”比较发达、健康的人，就是通常我们所说的“有主见”、“有自我”的人。

但是，人不是神，世界上没有任何万能、完美的“自我”。因此，“自我”并不是任何时候都是正确的，人也不可能总是“有主见”的。而“自我”的这种不完美和缺陷，就给外来的影响留出了空间，给别人的暗示提供了机会。

接受暗示，在本质上，就是我们自己的思维和判断暂时被别人的智能所代替。当然，它很少能被受暗示者意识到，因为这些心理过程是发生在潜意识里，也就是在不知不觉之间。

心理学家和精神分析学家均指出，一旦某种想法进入潜意识思维中，脑细胞就会获得信息，从而留下相应的痕迹；潜意识思维会根据你的一生当中所积累起来的知识和想法进行工作，并产生相应的结果。有心理学家曾经对在催眠状态下的人进行试验，发现一旦人们接受了暗示，潜意识思维就会依据暗示的内容做出相应的回应。比如，心理学家告诉一个正处于催眠状态的人，说他就是美国总统华盛顿，或者说他是一只猫、一条狗的话，那么他的个性特征就会发生暂时性的改变——他相信自己是实验者所说的那个人或者动物。同样的道理，如果某个正处于催眠状态的人被告知说他后背上有条毛毛虫，或者说他鼻子正在流血，或者说他正在一个大冰窖里，那么，他的身体就会做出相应的反应，而对自己的实际情况却视而不见。

在一艘行驶在茫茫大海中的航船上，你走近甲板上一个乘客，他看上去一脸紧张。如果这个时候，你对他说："你看上去不大对头啊，你脸色苍白得可怕！我看你一定是晕船了。快回舱休息吧！"那位乘客听到你的话，脸色果然会变得苍白，甚至浑身发抖。显然，你的"晕船"这一暗示发挥了作用。乘客将这一暗示与他素有的恐慌与不祥之感联系了起来。他会接受你的提议，乖乖地回到卧舱里躺下来休息。

当然对于同样的暗示，不同的人可能会做出不同的反应，因为各个人潜意识的状态有所不同。就像刚才举的那个例子，如果你对一个正在甲板上站着的水手说："嘿，老兄，你看起来脸色不太好，是不是晕船了。"对于这样一个消极性的暗示，这位经验丰富的水手肯定会当你是在说笑话。你的暗示也根本不会起什么作用。因为，这个水手从来也没发生过"晕船"的现象。那么你的这个"晕船"的暗示，也就不会给他带来任何恐惧感。所以说，暗示能否真正起作用，全在于当事者的信心与想象程度。

暗示从作用来看，既有积极的，也有消极的。接受积极的暗示，可能会使我们朝好的方向转化；相反，接受消极的暗示，却可能对我们产生不利影响。

我们大概都记得那个著名的小品《卖拐》。在这个小品中，赵本山扮演的骗子反复告诉范伟：他的腿一长一短。结果使范伟受到了心理暗示，后来真的觉得自己的腿有毛病，从而受骗上当，买了赵本山的拐棍。实际上，心理暗示正是骗子们经常使用的伎俩。

另一方面，心理暗示也可以用在积极的方面。比如，一名运动员的成绩已经非常接近世界记录了，这时，他的教练在旁轻轻地对他暗示道：“你能行，你一定能得第一！”这一暗示激发了他全部的潜能，使他发挥出最高的水平，在比赛中真的得了世界冠军。这种暗示，也许你还来不及细想，但是直接的提示却如给你注入了强心针，使你认为自己很优秀，从而激发出更大的潜能。

其实，积极的心理暗示，我们不一定等待别人给予，因为我们自己就可以给予自己。许多成功学家都提到，人要有积极的心态，要善于自我激励，实际上就是要求我们自己给予自己积极的心理暗示，赋予自己更大的精神力量。比如，你可以经常对自己说：“我能行，我一定能做到！我能够成功！”这样就能调动起巨大的动力和能量，使你更容易获得成功。相反，如果你总是自我怀疑，觉得：“我能行吗？这件事这么难，恐怕超出了我的能力范围。”那么就容易给自己泄劲，即使真的有能力，可能也无法发挥出来。

人的潜能是很大的。我们最需要了解的与其说是“目前”的能力，不如说是“潜在”的能力。我们可以利用积极的心理暗示，把自己潜在的能力发挥出来，更加充分地实现自己的价值。

一位刚刚出道的歌手，因被邀请参加某次大型演唱会而事先进行试唱。在这之前，她曾经接到过类似的邀请，但是她去试唱了三次。结果都是因为自己紧张，三次均被淘汰。尽管她的嗓音很出众。演唱水平不俗，长相也很好，但她总是担心等到她演唱时，评委会给她亮出最低分。因为她总是担心评委们不喜欢她，虽然自己尽力演唱，但是她总是有这种心理，于是她每次参加试唱的时候就心情焦虑。不知道如何是好。她的潜意识接受了这种消极的自我暗示，并对她的试唱产生了致命的影响，使她屡次遭受挫败。

后来，她听从朋友的意见，来到一家心理诊所，接受治疗。在医师的建议下，她开始运用自我暗示的方法，向恐惧感发起攻击。她把自己关在一个房间里，走到一个带扶手的椅子上，尽量放松心情。让自己的全身都感到很舒适，并慢慢的闭上双眼，均匀的呼吸，逐渐驱走脑中的杂念。这样，她的意识性思维变得驯服了，易于接受自我暗示。她对自己说："其实，我唱得很好。我很有实力。我可以做到心平气和，非常自信。"按照医生的建议，她每天都重复做这样的练习。一周以后，她就像变了一个人似的，她不再那么焦虑和恐惧，而是沉着和冷静。她不仅在以后的试唱中通过了评委的审查，而且演唱水平也大幅度提高。

利用暗示不仅能增强自信，同时也能调节性格，平衡我们的内心情绪。有个女孩子，平时总是爱发脾气，猜疑心重，家里人都很怕和她说话，稍不留心，可能就会惹来麻烦。这个女孩子很苦恼，她也知道爱发脾气，猜疑心重，不是好事，但是每次她都控制不住自己，事情过后又后悔。后来她接受了医生的建议，经常对自己说："我的脾气其实很好。我每天都充满了快乐，我和我的家人相处得很好，我很爱他们，他们也喜欢我。我关心他们，体贴他们，我身边的人都因为我的存在而感到幸福快乐。我良好的修养和高雅的气质，深深地感染了他们。"一个月以后，奇迹终于出现了，她成了一个气质优雅，活泼热情的好姑娘。

心理学要点：

暗示从作用来看，既有积极的，也有消极的。接受积极的暗示，可能会使我们朝好的方向转化；相反，接受消极的暗示，却可能对我们产生不利影响。

跳蚤现象：突破内心的藩篱，不要自我设限

科学家做过一个有趣的实验：

他们把跳蚤放在桌子上，一拍桌子，跳蚤迅即跳起，跳起高度均在其身高的 100 倍以上，堪称世界上跳得最高的动物！

然后科学家在跳蚤的头上罩了一个玻璃罩。再让它跳。这一次跳蚤碰到了玻璃罩。连续多次以后，跳蚤改变了起跳高度以适应环境，每次跳跃总保持在罩顶以下高度。接下来逐渐改变玻璃罩的高度，跳蚤都在碰壁后主动改变自己的高度。、

最后，玻璃罩接近桌面，这时跳蚤已经无法再跳了。科学家于是.把玻璃罩打开，再拍桌子，跳蚤仍然不会跳，变成“爬蚤”了。

跳蚤变成“爬蚤”，并非它已经丧失了跳跃的能力，而是由于在一次次受到挫折之后，他们学乖了，习惯了，麻木了。

最可悲之处在于，实际上的玻璃罩已经不存在，而跳蚤却连“再试一次”的勇气都没有。玻璃罩已经在潜意识里，罩在跳蚤的心灵上了，跳蚤行动的欲望和潜能被自己扼杀了。

人们类似于跳蚤的这种心理现象就属于“自我设限”。

在我们每个人的生命中，都会面临许多害怕做不到的事情，因而划地自限，使无限的潜能只能化为有限的成就。你可能一直认为你现在的一切都是命中注定的，现实的一切不可超越。不管你持有此观点的时间

多长，你都是错的。你可以通过改变自己的心理来改进自己的生活。

人们常常在自己生活的周围筑起界限，要么就生活在别人强加给他们的局限里。这些局限有些是家人朋友强加的，有些是自己强加的。很多人给自己套上限制，认为在一生中不会超过父母，认为自己反应迟钝，认为缺乏别人拥有的潜能和精力，那么无疑就实现不了一些目标。

有个农夫展出一个形同水瓶的南瓜，参观的人见了都啧啧称奇，追问是用什么方法种的。农夫解释说："当南瓜在拇指般大小的时候，我便用水瓶罩着它，一旦它把瓶口的空间占满，便停止生长了。"

人们大多像这样自我设限，就是把自己关在心中的樊笼里，就像水瓶罩住的南瓜一样，等于是放弃给自己成长的机会。成长当然有限。

有这样一位男士，他与妻子相处存在许多问题，妻子经常抱怨他自私、不负责任，从来都没有关心过她。有人间他："为什么你不好好跟妻子沟通？"他回答："我的本性就是这样。没办法，我就是大男人。"这位男士对他行为的解释，是他的自我定义。这源自于过去他一直如此，其实他在说："我在这方面已经定型了。我要继续成为长久以来的那个样子。"人生若保持这种心理。根本就是在扼杀可能的机会，从而给自己留下永远无可改变的问题。

标定自己是何种人——"我一向都是这样，那就是我的本性"，这种心理会加强你的惰性，阻碍成长。因为我们容易把"自我描述"当作自己不求改变的辩护理由；更重要的是，它帮助你固持一个荒谬的观念：如果做不好，就不要做。

一旦你标定了自我是什么样的人，你就是否认自我。一个人必须去遵守标签上的自我定义时，自我就不存在了。他们不去向这些借口以及其背后的自毁性想法挑战，却只是接受他们，承认自己一直是如此，终将带来自毁。

我们不要做一个被“自我设限”困住的人，而要不断冲出自制的樊笼，找到真正的自我，让潜能焕发出来。

心理学要点：

在我们每个人的生命中，都会面临许多害怕做不到的事情，因而划地自限，使无限的潜能只能化为有限的成就。你可能一直认为你现在的一切都是命中注定的，现实的一切不可超越。不管你持有此观点的时间多长，你都是错的。你可以通过改变自己的心理来改进自己的生活。

自知之明：不要盲目自信，须知自信过了头，就变成了自负

过犹不及，短短四个字却说出了博大的真理。当我们开始重视提升自身心理素质，加强自信心训练时，也要注意“过犹不及”，自信当然重要，但也不要自信过了头，那就变成自负了。

你也许有比别人高的学历，会有一定优越感。当领导要你从最基础的工作做起时，不要觉得以自己的条件，是大材小用。应该踏踏实实把工作做好，避免马虎出错。每一项工作都有其价值所在，不分大小、轻重，唯有认真对待，才不会前功尽弃。

有个“海归派”学子带着他的才华，还有他的自信，参加了国内一家大型企业的招聘会，他被录取了。可是不到一个月，他又从那家公司走了。他愤然地说：“他们有眼不识泰山！”原来他在工作上过于自信，以为自己比别人懂得多，所以什么事都想以自己的标准去要求别人，结果遭到了别人的反感。不仅如此，很快不少事都证明他是错的，而这种错正是盲目自信造成的。领导原谅他，安排他干些基础性的工作，可他认为是排挤自己，于是就离开了这家公司。

在工作和生活中，应该建立自信心，但自信过了头就会变成自傲、自负。会让领导觉得你缺乏起码的谦虚精神，办事不牢靠。会让竞争对手利用你的自负，实现自己的目的。不要处处把自己的优点与他人比较，

要知道山外有山，天外有天。

古人曰：“人贵有自知之明。”“贵”字不光表明一个人有自知之明是多么的难能可贵，而且意味着一个人要有自知之明也不是一件轻而易举的事。

了解自己难，这不仅因为“当局者迷”，而且还因为人的确难以客观地观察和把握自己。衡量他人是比较容易的，我们可以毫不费力地如实评价，而面对自己的一言一行时，你过滤缺点的网便增大了网眼，你也许并不是有意为之，而是你的自尊心使然。

所以，人要有自信，但不可盲目自信。“千里之堤，溃于蚁穴”。再强大的人，如果不善于从各个方面权衡力量，就可能因对某一点过分自信而招致失败。

心理学要点：

自信固然重要，但过犹不及，一个人如果盲目自信则很容易导致失败。

自我接受：即使有瑕疵，那也是你生命中不可缺少的一部分

当我们小的时候，正统的教育多是教导我们如何改正自己的缺点，其实，有些缺点是我们永远也无法改正的，只能接受。如果我们过分关注自己的缺点和不足，就会减弱自己成功的信心，制约自己的发展。

接受真实的自己，客观地对待自己。能够诚实、坦然地面对自己的真实内心，你才能做好真正的自己。

有一只青蛙，对自己四条腿用力、一蹦一跳的走路方式极为不满，于是不停地到河边寺庙中去拜佛许愿，祈求佛祖让它能像人一样两腿直立行走。

年复一年，青蛙的诚意终于打动了神灵。青蛙的愿望实现了。它想这下可以又高级又潇洒地走路了，多幸福啊！

它迫不及待地迈开两条长腿，骄傲地走了起来。可是它的眼睛却只能望见后面。这样，腿往前走，眼往后看，莫名其妙地离河边越来越远，再也无法捕捉到食物，终于饥渴难当死掉了。

有的人很早就接受了自己，有的人至死都无法接受自己。每个人都是独立的，一个人难以接纳另一个人似乎可以理解，但为什么很多人无法接纳自己呢？我们时常对自己不满，为自己的缺点懊恼与烦闷，千方百计想掩饰。自己面对自己时，常常会陷入惧怕与悔恨中不能自拔。自

己又不是一件物品，不喜欢了就可以随时扔掉，也不是和别人一样，合得来便相处，合不来便分手，用不着去委曲求全。我们不可能把自己扔掉，除非自己结束自己的生命。满意它时，它和你在一起，不满意时，它同样不会离开你，生命的无奈也在于此。

接纳自己，实质就是理解自己。接受自己的优点，我们便多一份自信；接受自己的缺点，我们便多一点理智。接纳自己是一个漫长而艰苦的过程，也是一个人长大、成熟的过程。这当然是一个痛苦的经历，因为我们会逐渐发现，自己不是那样完美：也不可能变成理想的自己。我们中有些人，其许多不幸、不快乐和不耐烦多数都是自惹的，自寻的。他们要么无知地欺骗自己，认为自己是一个难得的“圣人”。

有一个 10 岁的日本小男孩，在一次车祸中失去了左臂，但是他很想学柔道。

最终，小男孩拜一位柔道大师做师傅，开始学习柔道。他学得不错，可是练了 3 个月，师傅只教了他一招，小男孩有点弄不懂了。

他终于忍不住问师傅：“我是不是应该再学学其他招数？”

师傅回答说：“不错，你的确只会一招，但你只需要会’这一招就够了。”

小男孩并不是很听白，但他很相信师傅，于是就继续照着练了下去。

几个月后，师傅第一次带小男孩去参加比赛。小男孩自己都没有想到居然轻轻松松地赢了前两轮。第三轮稍稍有点艰难，但对手还是很快就变得有些急躁，连连进攻，小男孩敏捷地施展出自己的那一招，又赢了。就这样，小男孩迷迷糊糊地进入了决赛。

决赛的对手比小男孩高大、强壮许多，也似乎更有经验。开始，小男孩显得有点招架不住，裁判担心小男孩会受伤，就叫了暂停，还打算就此终止比赛。然而师傅不答应，坚持说："继续比赛！"

比赛重新开始后，对手放松了戒备，小男孩立刻使出他的那招，制伏了对手赢得了冠军。

回家的路上，小男孩和师傅一起回顾每场比赛的每一个细节，小男孩鼓起勇气道出了心里的疑问："师傅，我怎么就凭一招就赢得了冠军？"

师傅答道："有两个原因：第一，你几乎完全掌握了柔道中最难的一招；第二，就我所知，对付这一招惟一的办法是抓住你的左臂。这样，你左臂的缺失反而成了你最大的优势。"

"尺有所短，寸有所长"。每个人都有自己的优势和长处。如果我们能客观地估价自己，在认识缺点和短处的基础上，找出自己的长处和优势，并以己之长比人之短，就能激发自信心。要学会欣赏自己，表扬自己，把自己的优点、长处、成绩、满意的事情，统统找出来，在心中"炫耀"一番，反复刺激和暗示自己"我可以"、"我能行"、"我真行"，就能逐步摆脱"事事不如人，处处难为己"阴影的困扰，就会感到生命有活力，生活有盼头，觉得太阳每天都是新的，从而保持奋发向上的劲头。自己给自己鼓掌，自己给自己加油，自己给自己戴朵花，自己给自己发锦旗，便能撞击出生命的火花，培养出像阿基米德"给我一个支点，我将移动地球"的那种豪迈的自信来！

"自我接受"意指接受我们现在的样子，包括一切过错、缺点、短处、毛病。但是，如果我们认清这些不完美是属于我们，而不是等于我们，那么，我们对于自身的这些不完美就会看开些。然而，很多人却坚决地认为他们等于"错误"，因而丢弃了健全的"自我接受"。你或许会犯一个错误，但这并不是说你等于一个错误；你或许不能适当而充分地表达自己，但这并不是说你就是"不好"。学会接受"真实的自我"，也接受所有的瑕疵，因为它是我们的一部分。神经病患者排斥、憎恶“真实的自己”，因为它不完美，他想创造一个虚构的理想自我取而代之，创造尽善尽美的虚构的“自己”。

外科医生阿费烈德在解剖尸体时有一个奇怪的发现，那就是：人们患病的器官并不像人们想象的那样千疮百孔，恰恰相反，正是由于和疾病的抗争，这些器官为了抵御病变，往往要付出巨大的努力，他们的机能比正常的器官要强。

他最早是从一个肾病患者的遗体中发现了这一点的。起初，阿费烈德也认为患病的器官一定变得很糟糕，但是，当他从死者的体内取出那个患病的肾时，他惊奇地发现那个肾要比正常的大，甚至另外一个也是大的超乎寻常。一开始，阿费烈德把这看作是一个个别现象。但是。在他多年的医学解剖过程中，他不断地发现那些患病的心脏、肺等几乎所有的人体器官都存在着类似的情况。也就是说，一个心脏病人的心脏并不是我们想象的那样虚弱，它甚至比我们每一个正常人的心脏要大，机能更强。

阿费烈德就这一发现撰写了一篇很有影响力的论文。他在论文中指出，患病器官因为和病毒搏斗而使其功能不断增强。如果人体有两个相同的器官，一个死亡后，另一个会承担起全部的责任，这样的努力使得健全的器官变得更加强大。

为了验证自己的预测，阿费烈德进行了广泛的调研，结果又一次证实了他预测的准确性。他在对艺术院校教授的调研中发现，一些颇有成就的教授之所以走上艺术之路，取得很高的艺术成就，大都是受了生理缺陷的影响。普通人所认为的缺陷并不是阻碍了他们，而是促进了他们对艺术的追求。

身体上的缺陷并不是我们成功的障碍，心灵上的才是。如果你把缺陷视为自己成功的障碍，那上帝在给你关上了一扇门的同时，也必然会为你打开两扇窗。只要你用心感受，缺陷恰恰就是你先天的成功因素。

不接受自己的人，常常心情郁闷。认识自己的优点和缺点，明白自己想做的不一定就能做，明白自己所做的不一定全能做好，我们便会自信、自制、自强，生活便多一些快乐，少一些烦恼。相反，斤斤计较自己的缺点，不原谅自己的失误，则会使我们沮丧、自卑。

心理学要点：

接纳自己，实质就是理解自己。接受自己的优点，我们便多一份自信；接受自己的缺点，我们便多一点理智。

消除心理落差：人生目标要现实一点，期望值不要定得太高

生活中，有些人总爱无由地把自己与别人做比较，于是他常常想，为什么他们都比我好呢？为什么别人总是比我成功？为什么只有我一个人总是在原地踏步？这样想着想着，慢慢就产生了落差感，继而陷入困惑之中。

其实，这一切都源于心理落差，而这种落差经常都是自找的。要克服这种落差感带来的困惑情绪，还是要从自身入手，也就是平衡心态，适时调整心理预期。你要经常审视内心：究竟我给自己定下的目标合理吗？

目标的落空，很容易让自己心理失去平衡，在不平衡的心理状态下，人自然就会跌入对自己否定的境地。如果开始的时候，给自己定一个小小的目标，不需要过多的努力就可以完成，在有了一点点的成就感的时候，不要骄傲，马上给自己定一个再高一点儿的目标，努力后又顺利完成，再继续定一个……如此反复下来，你会觉得自己在不断地长进，不断地向前发展，自己也不会再对自己有看法，最终你就会达到你预想的结果。

务实的人都会为自己树立一个能够实现的目标。他们都知道，如果把目标定得过高，不但会使自己无法脚踏实地地工作，而且也发挥不出

目标的激励作用。因为当我们付出很多努力，仍旧无法达成目标时，我们就会变得懈怠和灰心。

王博大学毕业进入一家电脑公司，自进入公司的第一天起，他就为自己确定了奋斗目标：先做一个比尔·盖茨式的企业家，再成为一个政治家。为了实现自己的目标，王博不屑于做小事，喜欢接手一些有难度、有挑战性的工作，但以他的能力又做不好这些，最后反而被老板炒了鱿鱼。

而和王博在同一电脑公司里的同学马原，却与王博大不相同。马原进入公司的第一天，也为自己定下了一个目标：用两年的时间当上部门经理。从那天起，"部门经理"就像一面旗帜，他没有一天不按部门经理的身份要求自己。目标真是一个奇妙的东西，它使马原每天都被工作的疯狂激情驱使着。虽然这样工作起来有些累，但劳累过后，看着自己的工作业绩，他便体会到生活的幸福。

不到一年，他就被提拔到了主管的岗位，他工作起来更加努力了。虽然为此他牺牲了许多娱乐和休闲时间，但因有了目标，他感觉不到工作累了，而是一种享受。他的工作能力和工作业绩得到了公司总裁的肯定，在当上主管后不到半年的时间里，他就被提升为部门经理，成了公司里提拔最快的又是最年轻的经理。

王博的失败在于好高骛远，在确立目标的时候，没有认真分析自身素质和所处的环境，制订了一个不切合自身实际的目标。而马原为什么能从普通职员，迅速升为主管又升任部门经理？除了他有目标随时鞭策自己的缘故外，还有一个最重要的原因就是，他为自己设定了符合实际、可以实现的目标。

罗马不是一天建成的，不管你的理想有多远大，都需要一步一步地来实现。心浮气躁、急于求成不但对实现理想毫无好的影响，甚至还可能起到反面的作用。

日本有一位著名的长跑运动员，他在比赛当中获得过数枚金牌，可是从外表看来，这位世界冠军看起来并不是那么强壮。是什么力量让他取得如此的成就呢？他是这样说的："在我刚刚从事长跑事业的时候并不是这样，每次比赛或者训练，在跑之前，我都一心想着漫长的路程距离终点还有多远，一想到这些，我的心里就有点发憷。当起跑以后没多久，想着那遥不可及的终点，由于心理压力过大，身体很快就疲劳下来，别说是获得名次，就连跑完全程都很困难。后来，我想出了一个办法，在起跑后以后，首先找一个视野之内的参照物，比如一棵树，或者一根电线杆，就把它当作是终点，然后用百米冲刺的速度冲过去，来跑完这段路程。然后再找一个参照物，这样，即使是身体很疲劳，但是因为眼前的一段目标并不长，完全有余力来跑完它，就这样一段一段地跑下来，不知不觉地就到达了终点。"

美国潜能大师伯恩·崔西说："成功就等于目标，其他一切都是这句话的注解！"

可以量化、能够实现、注重结果、有时间期限。如果你的目标同时具备了这几点，就说明这个目标是有效的。

当我们知道了目标的重要性而且制订出一个有效的目标之后，接下来就该看看自己对目标的期望强度了，当然不同的期望强度会有不同的表现特征，也会得到不同的结果。每个人的期望强度不同，心理状态也不一样。有的人对某种东西真的不想要；另一种人找借口不想要，但真实原因是不敢想，不知道为什么要，害怕付出和失败，害怕做不到别人会笑话。不想要，当然他的结果是得不到。

有种人决心不够，尤其是改变自己的决心不够，等待机遇，靠运气成功，即使得不到也不会转为安慰自己：曾经努力过，也算对得起自己，马上再换另一个目标。这一类人很想要，有可能成功，因为运气而成功，也因为运气而失败。

想当个富有的人，这不是目标。有多少钱可以称为富有？你用多长时间达到这一目标？我们人类很早以来就想登上月球，这只是梦想。美国总统肯尼迪在20世纪50年代提出来美国要在10年内登上月球，这就是目标，因为它可计量。当时肯尼迪提出来之后，人们认为是大话。肯尼迪在目标确定之后，调动各方面的资源，提前14个月让美国宇航员登上了月球。

目标定得太大，会感到恐惧、痛苦；太小了，太容易实现，会觉得没意思。有人说我要当美国总统，什么条件都不具备，这是妄想。

明确了方向，了解了自己的行为目的，知道什么是最重要的事情，然后朝着这个方向去努力。在某一个阶段静下来评估一下新的进展，或是检讨自己的效率，因为能“看”到结果，所以保持信心与激情全身心地投入。这样，还有什么能阻挡你成功的步伐呢？

心理学要点：

罗马不是一天建成的，不管你的理想有多远大，都需要一步一步地来实现。心浮气躁、急于求成不但对实现理想毫无好的影响，甚至还可能起到反面的作用。

05 情绪心理学：
掌控情绪，做自己心情的主人

微反应

情绪效应：发生什么样的事无法选择，但可以选择自己的情绪状态

一个人的心理活动有很多方面，人的情绪看起来好像无关紧要，实则对人的影响非常之重大。以前人们大都轻视对自身情绪的掌控，现在越来越多的人都意识到了情绪的重要性。

在心理学上讲所谓“情绪效应”，其实就是探讨情绪对人的影响。在平常的生活中，有时候我们会感到高兴、愉悦、轻松，有时候我们也会感到恐惧、悲伤、抑郁。但我们必须要意识到：长时间的情绪低落不只会影响到你的人际关系与工作表现，更可能会危及身心健康。所以每个人都应该学会调节自己的情绪，不要让不良情绪成为自己身心的杀手！

有个故事说的是一位青年，看到死神正往前面的一个村庄前进，他很机警地询问死神去村庄的目的，死神面无表情地回答说：“我要从前面的村庄带走 100 个人。”

这位青年听完立刻拔腿向前奔跑，他用最快的速度赶到那个村庄，然后不辞劳苦地告诉每一个人，要大家小心，因为他也不知道死神会带走哪 100 个人。

第二天早上，当死神踏进村庄时，这位好心报信的年轻人却堵在死神前面，带着不满的口气说：“你欺骗了我，你昨天明明说要带走 100

个人，可是为什么昨晚村子里却死了更多的人呢？”

死神看了看年轻人，心平气和地说：“年轻人，我没有骗你，昨晚死的人只有100个是我名单里的人，其余的都是被恐惧与焦虑带走的。”

这虽然只是个寓言故事，但从中我们可以看出，痛苦、恐惧、敌意、冲动、愤怒等负面情绪都是心灵的毒素，如果一个人长期被这些心理问题所困扰，就会导致身体上的疾病。中医也有这样一种说法：“怒伤肝，思伤脾，忧伤肺，恐伤肾。”足以证明这些不良情绪都会对我们的五脏六腑造成伤害。在人的一生中，难免会遇到挫折和困难，若是因此情绪低落、恐惧、失望、抑郁不安，最后苦的还是自己。

而积极正面的情绪则对人大有裨益。英国有一对夫妻，在做身体健康检查时，他们被告知太太得了乳癌；先生得了前列腺瘤，并且伴有严重的心脏病，主动脉血管有三分之一被阻塞。据医生估计这两人的寿命都只剩下半年。

这对夫妻经过几番讨论后，决定好好度过剩余的岁月，于是他们决定去完成环球旅行的愿望。他们卖掉了房子，拿着这笔钱开始了他们的旅行。因为感到生命的短暂，他们在旅行中格外珍惜每一天，每天都快快乐乐地度过，每天都开开心心地享受两人独处的甜蜜，就好像回到初恋时的热情一样，连旁人也不禁羡慕他们的恩爱。在这半年中，他们只顾享受生活的美好，几乎忘记了自己是病人。

半年后他们回到伦敦，当他们回到同一家医院做进一步检查时，奇迹发生了，医生惊讶地发现两人的癌细胞已经消失，连丈夫的动脉血管阻塞也好了许多，这个结果让医生惊诧万分，连呼“这真是个奇迹”。

后来，医生发现是他们的“正面情绪”救了自己。因为在人快乐的时候，脑内会分泌一种“安多芬”，它会增加体内的淋巴球，进而增强人体对抗癌细胞的能力，让人重新获得健康。

别让坏情绪控制你的生活，别让坏情绪扼杀了你的健康。试想：若一个人整天心情抑郁，愁眉苦脸地面对生活，做任何事情都不积极，那会怎么样？显然，那必然导致事事不如意，甚至会有更大的困难等着他，这样也就会让他的心情更加郁闷，生活态度更加消极，形成恶性循环。但是一个心情开朗的人则对生活充满了热情，对要做的事情充满了希望，工作生活都积极上进，自然而然的就会顺心如意，心情也就越来越好了。

我们每个人都应该正确认识情绪效应：虽然我们无法选择发生在自己身上的事情，但可以选择自己的情绪状态；虽然我们无法改变环境来适应自己的生活，但可以调整情绪来适应环境的变化。一旦我们做到了这些，就再不用饱受不良情绪的困扰了。

心理学要点：

长时间的情绪低落不只会影响到你的人际关系与工作表现，更可能会危及身心健康。所以每个人都应该学会调节自己的情绪，不要让不良情绪成为自己身心的杀手！

情绪转换器：很多事情的发生与否，取决你如何掌控情绪

天有不测风云，人有旦夕祸福。人生在世谁都难免要遇上几次灾难或许多难以改变的事情。世上有些事是不能抗拒的，你只能接受它、适应它。否则忧闷、悲伤、焦虑、失眠会接踵而来，最后的结局是你没有改变这些无法抗拒的事实，而是让无法抗拒的事实改变了你。

一位心理学家，有一次在给学生上课时拿出一只十分精美的咖啡杯，当学生们正在赞美这只杯子的独特造型时，他故意装出失手的样子，咖啡杯掉在水泥地上成了碎片，这时学生中不断发出了一阵惋惜声。心理学家指着咖啡杯的碎片说："你们一定对这只杯子感到惋惜，可是这种惋惜也无法使咖啡杯再恢复原形。今后在你们生活中发生了无可挽回的事时，请记住这只破碎的咖啡杯。"

这是一堂成功的心理素质教育课，学生们透过这只摔碎的咖啡杯，懂得了在无法改变失败和不幸的厄运时，要学会接受它、适应它，学会改变自己的情绪，积极乐观地去面对。有人说得好，如果你不能改变你的容貌，那么就改变你的表情吧！因为阳光般的表情写在脸上，即使长得不漂亮，也会很可爱。

完全接受已经发生的事，这是克服不幸的第一步。任何人遇上灾难，情绪都会受到较大的影响，这时一定要控制好情绪的转换器。面对无法

改变的不幸或无能为力的事情，耸耸肩，默默地告诉自己："忘掉它吧，这一切都会过去。"

1929年，纽约股市崩盘，美国一家大公司的老板忧心忡忡地回到家里。

"你怎么了？亲爱的！"妻子笑容可掬地问道。

"完了！完了！我被法院宣告破产了，家里所有的财产明天就要被法院查封了。"他说完便伤心地低头饮泣。

妻子这时柔声问道："你的身体也被查封了吗？"

"没有！"他不解地抬起头来。

"那么，我这个做妻子的也被查封了吗？"

"没有！"他拭去了眼角的泪，无助地望了妻子一眼。

"那孩子们呢？"

"他们还小，跟这档子事根本无关呀！"

"既然如此，那么怎能说家里所有的财产都要被查封呢？你还有一个支持你的妻子以及一群有希望的孩子，而且你有丰富的经验，还拥有上天赐予的健康的身体和灵活的头脑。至于丢掉的财富，就当是过去白忙一场算了！以后还可以再赚回来的，不是吗？"

这位濒临崩溃的老板收到了妻子这番话的启示，他没有放弃奋斗，3年后，他的公司再度成为《财富》杂志评选的五大企业之一。

我们每个人都该去学习这位有着阳光心态的妻子。当你感到沮丧的时候，请列出一张详细的生命资产表，我们每个人都有这样一张生命资产表。这正如一位受了挫折的人，在经过短暂的灰心之后，明白了这样一个道理：太阳在明天会照常升起，而今天并不是世界末日。

有意转换情绪，是有意识地控制情绪向良好方向发展的最佳方法。其实人的情绪转换并没有你想象的那么难，只要掌握了转换的技巧，你就可以很好地驾驭它。

费莫是北京的一名心理咨询师，有次他坐朋友的车外出郊游，本来俩人很高兴地谈东扯西。突然一辆车紧贴着他们的车呼啸而过，让他俩大吃一惊。这时，费莫的朋友破口大骂，因此而发脾气，长时间不高兴，嘴里不停地埋怨："这个家伙真是逞能。""他是明着在欺弄人。""不行，得追上去问个明白。"朋友越说越火大，费莫安慰他说："他可能有急事才强行超车。""他也许是被前边的同伴拉下了才拼命追赶。要不，这家伙一定是老婆赶着去生孩子。"这是一句玩笑话，居然把朋友也给逗笑了。于是，他俩同时放声大笑。事情过去了，他们又继续有说有笑地愉快赶路。

可见，生命中的许多问题，其发生与否，有时取决于我们情绪的转换。很多时候，只要我们能控制自己对于这些问题的反应态度，就等于控制了它们对自己的影响。换句话说，你的态度才是最重要的。

心理学要点：

一定要控制好情绪的转换器。面对无法改变的不幸或无能为力的事情，耸耸肩，默默地告诉自己："忘掉它吧，这一切都会过去。"

巴纳姆效应：不要轻易因别人的情绪而影响了自己

一位名叫肖曼·巴纳姆的著名杂技师在评价自己的表演时说，他之所以很受欢迎是因为节目中包含了每个人都喜欢的成分，所以他使得“每一分钟都有人上当受骗”。人们常常认为一种笼统的、一般性的人格描述十分准确地揭示了自己的特点，心理学上将这种倾向称为“巴纳姆效应”。

巴纳姆效应在生活中十分普遍。拿算命来说，很多人请教过算命先生后都认为算命先生说的“很准”。其实，那些求助算命的人本身就有易受暗示的特点。当人的情绪处于低落、失意的时候，对生活失去控制感，于是，安全感也受到影响。一个缺乏安全感的人，心理的依赖性也大大增强，受暗示性就比平时更强了。加上算命先生善于揣摩人的内心感受，稍微能够理解求助者的感受，求助者立刻会感到一种精神安慰。算命先生接下来再说一段一般的、无关痛痒的话便会使求助者深信不疑。

一般的心理测试也是一样，比如，某些心理测试中说：“你喜欢生活有些变化，厌恶被人限制。”“你很需要别人喜欢并尊重你。”“你有许多可以成为你优势的能力没有发挥出来，同时你也有一些缺点，不过你一般可以克服它们。”“你有时怀疑自己所做的决定或所做的事是否正确。”“你有时外向、亲切、好交际，而有时则内向、谨慎、沉默。”相信很多人对此都会深信不疑，并惊叹这种测试真够准的。事实上，这是一顶戴在谁头上都合适的帽子。

巴纳姆效应的最大意义还是在于说明了人们的情绪是多么容易受到外来因素的影响。比如，我们习惯接受外界的信息暗示，假若信息是积极的，那自然是一件好事。反之，如果信息是消极的，就会影响心情，使你情绪低落或者焦虑不安。消极的暗示是很危险的，我们总希望从别人的经验中找出一条自己能走的路。这时候，我们就要努力看清自己，避免受别人情绪的影响。

清早，赵锐刚刚进入工作状态，便听到坐在对面的袁磊气呼呼地说："迟到两分钟就要扣钱，真不是人过的日子。扣吧，真没劲，早想跳槽了。"

袁磊的埋怨把赵锐从工作状态中拽了出来，抬头看看表，9 点过 5 分，看来袁磊又迟到了。袁磊是一个喜欢把个人情绪当众展示的人，非常喜欢抱怨，所以办公室里经常会听到他的牢骚声，言语里总是充满了挑剔。赵锐感到自己时常会受他情绪的影响。

刚进公司的时候，赵锐虽然没有踌躇满志准备大干一场的劲头和激情，但对工作还是充满热情的，他渴望通过自己的努力得到上司的赏识。因为袁磊在公司工作已经 4 年多了，算是老员工，赵锐有什么问题自己琢磨不出来时，就会虚心地向他请教，而每次袁磊都懒洋洋地说："这有什么意思？想那么多干吗？说实话，我来的时候和你一样，结果呢？还不是这样？"也许袁磊的抱怨是无意的，但是已经大大削弱了赵锐的冲劲与热情。

有时候，赵锐也会与他争辩说，只要努力，就一定会有机会。而袁磊则会不屑地说："算了吧，收起你的那点梦想吧，这个社会只有会混的人、有关系的人，才有未来。你没看咱们公司那个小李，比我还晚来一年呢，人家现在已是部门经理，听说他是老板的远房侄子。还有那个来了半年就被提升的小白，听说是老板朋友的儿子……”

听了袁磊的话，赵锐就会怀疑，自己和老板没有任何“瓜葛”，努力会不会有用？有时候，刚刚说服自己要努力，不要受别人坏情绪的影响，袁磊又会悄悄对他说：“我最近看好了一家公司，人家在市中心办公，办公室装得那叫气派，听说公司有 500 多人，哪里像咱们这里办公室不像办公室，上上下下加起来还不到 50 人……”

赵锐原来还在袁磊的抱怨声中坚持着自己最初的信念，后来慢慢动摇，也渐渐觉得现在的工作没有前途，缺乏发展空间，那些曾经给自己定的短期计划、中远期计划，而今已束之高阁。他想即便努力了，说不定将来也是和袁磊一样的命运。

赵锐已经被袁磊的负面情绪深深影响了，并严重影响到了自己的工作。

赵锐最大的问题就是太容易被别人的情绪所左右。无论是在工作中还是生活中，我们的心情总是容易被别人的情绪所感染。小至别人的一个表情、一句话，大到社会生活环境，都影响着我们的情绪。须不知，一个的情绪稳定对其人生发展有着重要的决定意义。根据一项调查显示，工作较有成就的人，绝大部分都是在情绪上具有稳定性格的人，而不是才华横溢或是智商较高的人。这种稳定性格不仅包括能很好地控制自己的不良情绪，还包括对别人负面情绪的免疫能力。

因此，我们要避免被外界的信息所奴役，尤其是不要让那些消极的情绪干扰到你。这就需要你时刻保持一种恒定淡然的心态，做真实的自己，只有这样，幸福才会距你更近，成功也才会找上你。

心理学要点：

巴纳姆效应的最大意义在于说明了人们的情绪是多么容易受到外来因素的影响。因此，我们要避免被外界的信息所奴役，尤其是不要让那些消极的情绪干扰到自己。

踢猫效应：一个人的负面情绪，容易造成一群人的连锁反应

美国洛杉矶大学医学院心理学家加利的研究表明，一个心情舒畅、性格开朗的人，如果同一个整天愁肠百结、抑郁难解的人相处，不久也会变得性情沮丧，这便是传染。这种传染是在不知不觉中进行的。敏感性和同情心愈强的人愈容易被不良情绪传染。美国密西根大学心理学教授詹姆斯证明，只要 20 分钟，一个人就可能受其他人低落情绪的传染，由此可见，不良情绪的传染比病菌传染还快。

当一个人生气的时候，经常按捺不住而发泄到周围无辜者身上，被发泄者受了委屈，又会转身对其他的人发泄……如此传染下去，就会影响身边很多人，让生活充满紧张空气。

心理学中有个原则叫不要“踢猫”，起源于如下的故事：

一位严格要求员工的董事长比平时起床晚了一些，在上班途中又遇堵车，结果他迟到了。他烦躁地来到办公室，冲着主任嚷了几句后就走了；主任火气腾腾地向正好走过来请示问题的行政主管嚷嚷开了；行政主管愣愣地出了门，看见正在印文件的秘书，也忍不住对她嚷了一通；下班后还闷闷不乐的秘书回到家，瞧见正在瞎捣鼓的儿子，就怒气冲冲的把他骂了一顿；儿子满脸委屈，看见自己的宠物——一只大花猫，就朝它狠狠地踹了一脚，结果大花猫“喵呜”一声，钻到沙发底下去了。

生活节奏越来越快的今天，人们在享受现代生活便利的同时，也面临着更大的压力，神经经常处于紧张状态，好像张满的弓弦，稍有裂纹就会崩断。生活在这样的高压下，人的心理承受能力到了脆弱的极限，一点点不顺的小事都会使得情绪一落千丈，怒火会像膨胀已久的火山，喷射而出。周围的人也许正处于雷同的状态，于是，这种糟糕的心情或者情绪便会像瘟疫一样在人群中蔓延。稍不留意，还会带给自己的家人，使他们成为“踢猫效应”链条末端无辜的受害者。

不良情绪在家庭成员之间尤其容易互相传染。在一个大家庭中，主要家庭成员，如父母的情绪暗示性大；而非主要成员，如小孩则相对小一些。假如在一天的开始，家庭某一个成员情绪很好，或者情绪很坏，其他成员就会受到传染，产生相应的情绪反映，于是就形成了愉快、轻松、沉闷或者压抑的家庭氛围。

不良情绪对人的身心危害很大。因此，我们应该像重视和防治环境污染一样，重视和防治情绪污染。

第一，防止家庭情绪污染

有些人在外面受了气，喜欢回到家中对家人发泄。这是很不恰当的做法，会造成家庭情绪污染。有烦恼可以拿出来和家人一起分析、讨论，得到来自家人的宽慰和劝解，不仅增进家人之间的感情交流，还能排解自己的不良情绪，何必非得要拿家人撒气，搞得一家子不痛快呢？

第二，学会稳定自己的情绪

情绪低落时，要有忍耐力和克制力，学会情绪转移，把注意力转到使人高兴的事情上来。尽量把不良情绪化解掉，如参加娱乐活动、体育锻炼、加倍工作，还可以寻找发泄渠道或找知心朋友一吐为快。千万不要将自己的不良情绪带到公共场所，那样害人又害己。

第三，善待人家的“不友好”

别人对我们不友好时，不一定是真的对我们有什么恶意，也许是他遇上了什么烦心的事，一时没有走出负面情绪，不知不觉地把气撒到我们身上。面对这样的人，不要过分计较，要尽量宽容为怀，包容别人就是包容自己，没有经过你的允许别人也伤害不到你。

无论如何，拿别人撒气是不对的，对别人是不公平的。自己不希望别人把自己当出气筒，那么也别拿别人当出气筒，“己所不欲，勿施于人”。一句话，人的负面情绪是很容易扩散和蔓延的，当负面情绪来临时，我们要加以控制。

心理学要点：

不良情绪对人的身心危害很大。因此，我们应该像重视和防治环境污染一样，重视和防治情绪污染。

表情克制：不形于色、把喜怒哀乐装在兜里

人有情绪的波动是很正常的，毕竟人是感情动物。但是，有人控制情绪功夫一流，喜怒不形于色，有人则说哭就哭，说笑就笑，当然，说生气就生气！

哭笑随意的情绪表现到底是好是坏呢？有人认为是率真，是一种很可爱的人格特质。这么说也不是没有道理，因为喜怒哀乐都表现在脸上的人，别人容易了解，也不会有戒心，而且，有情绪就发泄，而不积压在心里，也合乎心理的卫生，但说实在的，这种率真实在不怎么适合世故做人。

喜怒哀乐表达失当，有时会招来无端之祸，应该把喜怒哀乐装在兜里。

其实，没有喜怒哀乐的人并不存在，他们只是不把喜怒哀乐表现在脸上罢了！而在人性丛林里，这一点是很重要的。

为什么这么说呢？

在人性丛林里，人为了生存，会采取各种方法来接纳力量、分享利益、打击对手。而任何人，只要在社会上做过一段时间的事，便多多少少会练就察颜观色的本事，他们会根据我们的喜怒哀乐来调整和我们相处的方式，并时而顺着我们的喜怒哀乐为自己谋取利益，这原无可厚非，本来就是要这样的吗！

可是谋取利益的另一面，有时却是对我们的伤害，就算不是伤害，我们也在不知不觉中，意志受到了别人的控制。

一听到别人奉承就面有喜色的人，有心者便会以奉承来向他接近，向他要求，甚至向他进行软性的勒索。

一听到某类言语，或碰到某种类型的人就发怒的人，有心者便会故意制造这样的言语，指使这种类型的人来激怒我们，让我们在盛怒之下丧失理性，迷乱心智，失去风度。

一听到某类悲惨的事或自己遭到什么委屈，就哀丧满脸，甚至伤心落泪的人，有心者了解我们内心的脆弱面，便会以种种手段来博取我们的同情心，或是故意打击我们情感的脆弱处，以达到他的目的。

一个因为些许小事就乐不可支的人，有心者便可能为我们提供可乐之事，好迷惑他，以达到有心人的目的……

诚然，连喜怒哀乐都不能自由表达，这种人生也没太大的意义。不过，若因喜怒哀乐表达失当而招来无端之祸，那人生就更没有意义了，也可以说是人生的悲哀？因此，人有必要做一个喜怒哀乐见不着痕迹的人。

何不妨把喜怒哀乐装在兜里！

如此做的好处有：

第一，把喜怒哀乐在情绪中抽离，便可以理性、冷静地看待它，思索它给我们生命中带来的积极意义，并进而训练自己对喜怒哀乐的控制，做到该喜则喜，不该喜则绝不喜的地步。

第二，把喜怒哀乐装在兜里就是不随便表现这些情绪，以免为人窥破弱点，予人以可乘之机。

要这样子做很难，但如果想到世故做人给我们带来的幸福，就不会觉得难了！

不能把喜怒哀乐装在兜里的人，则无法适应这个社会。这有两方面的原因。

第一，不能把喜怒哀乐装在兜里的人，给人的印象就是不成熟，还没长大。

只有小孩子才会说哭就哭，说笑就笑，说生气就生气，这种行为发生在小孩身上，大人会说是天真烂漫，但发生在一个成年人身上，人们就不免对这个人的人格发展感到怀疑了，就算不当我们是神经病，至少也会认为我们还没长大。

如果我们还年轻，则尚无多大关系，如果已经做过好几年事，或是根本已经过了 30 岁，那么别人会对我们失去信心，因为别人除了认为我们还没长大之外，也会认为我们没有控制情绪的能力，这样的人，一遇不顺就哭，一不高兴就生气，这样是不能成就大事的?

第二，不能把喜怒哀乐装在兜里的人，会被人看不起，认为是软弱，容易生气则会伤害别人。

哭其实也是心理压力的一种缓解，可是人们始终把哭和软弱扯在一起。绝大部分的人都能忍住不哭，或是回家再哭，但却不能忍住不生气。

生气有很多坏处，首先是会在无意中伤害无辜的人，有谁愿意无缘无故挨我们的骂呢？而被骂的人有时是会反弹的。

其次，大家看我们常常生气，为了怕无端挨骂，所以会和我们保持距离，我们和别人的关系在无形中就拉远了。

另外，偶尔生一下气，别人会怕我们，如果常常生气久而久之别人就不会在乎了，反而会抱着看猴戏的心理，这对我们的形象也是不利的。

最后，生气对身体不好，不过别人对这点是不在乎的——气死了是我们自己的事。

所以，在个人情绪心理方面，把喜怒哀乐装在兜里是很重要的一件事，我们不必喜怒不形于色，让别人觉得我们阴沉不可捉摸，但情绪的表现绝不可过度，尤其是哭和生气。如果我们是个不易控制这两种情绪的人，不如在事情发生，引动了我们的情绪时，赶快离开现场，让情绪过了再回来，如果没有地方可暂时躲避，那就深呼吸，不要说话，这一招对克制生气特别有效！

我们如果能恰当地掌握我们的情绪，把喜怒哀乐装在兜里，那么我们将在别人的心目中呈现沉稳、可信赖的形象，虽然不一定能因此获得重用，或在事业上有立即的帮助，但总比不能控制情绪的人好！

心理学要点：

人的喜怒哀乐是极其平常的情绪，很多人对此并不多做思考，总是有什么就表达什么，但这样带来的效果却往往不尽人意。而那种能恰当地掌握情绪，把喜怒哀乐装在兜里的人，则经常能开创良好的局面。

即使遇到生活的烦恼，也要让自己的情绪处于安全之中

随着竞争的加剧，现代上班族的工作、生活压力大，有人遇到不痛快的事不善及时排解，时间一长，难免会造成心理障碍。而善于给情绪装个“安全阀”，及时“减压”，就会减少心理疾病的患发。下面就是几个上班族调节情绪的方式，也许会给你不少启发。

周小美是一家高科技企业的职员，工作性质决定了她要经常出差。别人出差总有闲暇时间去周围名胜古迹观光浏览散散心，周小美却是晚上武汉的工作刚忙完，第二天早晨就飞赴广州，接着工作。常常一个月中有一半时间在外地。时间一长，她经常感到烦躁。但回京后，生活节奏一慢，又觉得挺失落，于是想借运动宣泄一下。

周小美喜欢打保龄球，每当她觉得自己又开始烦躁时，就会邀上三两个同伴去打保龄。她说：“打保龄是让人心情愉快的运动，每当我屏住气，集中精力打出一个球时，每当得到满分，球友纷纷为我鼓掌时，我会觉得愉快多了。”原本周小美打球不为挣高分，只为排遣心中的烦恼，但无心插柳，现在每局都能打 2 印多分，成了单位里的保龄高手。周小美通过自己喜爱的运动来排解内心的烦躁，既及时调节了自己的情绪，又获得了生活的乐趣，岂非一举两得?

阿涛是一位事业有成的中年人。他说：“人都有情绪低落的时候，

关键是要善于排解，别在心理上留下阴影。”他的排解方式是到酒吧坐坐，小饮几杯。

他曾碰到件倒霉事：他的工厂为外商做的衬衣因做工问题80%要返工，而发货期迫在眉睫。“我干了这么多年加工，从未出现过这么大的纰漏。为了赶合同期，大家只得昼夜不停地工作，一连三天，终于返修完了。”工作暂时没那么忙了，阿涛这心可一时还放松不了，于是，下班后他把车放在单位，打的去了西单那家熟悉的酒吧。“年轻人都爱去有乐队演奏的酒吧，图的是热闹，我是为放松一下神经，专找安安静静的所在。”每次去酒吧，颇有酒量的阿涛都要上一瓶红酒加冰块，“别的酒喝上几杯会躁，红酒的感觉是不温不火。”红酒加冰块，一杯杯细品，耳边是萨克斯演奏的音乐，轻柔、舒缓，带着点忧伤。一瓶红酒喝完，时间已过半夜，带着点微醉的感觉，打车回家，此时他的心情很平静。看来，小饮有时也能排忧，只要能恰当排解内心的郁闷，也是一种调节情绪的良好方式。

张丽是B型血，用她自己的话说，情绪易“大起大落，早晨还高兴，到了晚上，稍有不如意就会挺沮丧。”为了对付经常不期而至的坏心情，张丽给自己开的“药方”是购物。

月收入不算高的她，平时很少购物，把想买的东西都列在单子上，大到衣物、小到面巾纸。几经考虑后一个月也总有十几样日常用品要买。她把买这些物品的最佳时间和地点附在其后，以保证自己得到最多实惠。这张单子她随身携带，一旦情绪低沉，她就直奔商店或超市，将要买的东西大包、小包地买回家。“大多数女人排解烦恼的首选方式都是购物，购物能让女人有种满足感，在购物中，烦恼也不知不觉地没有了。”

据张丽自己说，以前她情绪不好时会不顾一切地冲进商店，有用、没用的买一大堆，回家就后悔，那么多“鸡肋”，该往何处去。现在她自己做的购物单帮她把“疯狂”购物转为“半疯狂”购物，既满足了自己的情绪需要，又不至于太浪费钱。对于年轻女性来说，购物的确会令她们忘却烦恼，获得快乐，不良情绪由此装上“安全阀”，这也是一种好的调节方法。

阅读世界著名小说《飘》时，我们常常会看到斯佳丽的一个典型习惯，每当她遇到什么烦恼或者无法解决的问题时，她就对自己说，“我现在不要想它，明天再想好了，明天就是另外一天了。”实际上，这种明天再想，就是一种给心灵松绑的方法。如果你对一个问题挣扎了一整天，仍然没有显著的进展，最，好不要去想它，暂时不作任何决定，让这问题在睡眠中自然地解决。因为睡眠中没有太多意识的干扰时，也就是最佳的工作时机。可见，遇事难以排解时，不妨蒙头大睡，一觉醒来，心情愉快，一切就迎刃而解了。

总而言之，情绪低落时，心情郁闷时，内心压力大时，找一种适合自己的调节方法，如访友、旅游、跳舞、就餐、运动等等，及时调整自己的心态，使自己的情绪始终处于安全之中，使自己的心境始终处于快乐之中。

心理学要点：

人都有情绪低落的时候，关键是要善于排解，别在心理上留下阴影。我们要学会及时调整自己的心态，使自己的情绪始终处于安全之中，使自己的心境始终处于快乐之中。

果断丢弃“情绪包袱”，用乐观积极的心态面对明天

那些心理上的失败者，往往被“情绪包袱”压得喘不过气，他们总想着过去没有解决的问题和矛盾，一讲话便是从前的灾祸、现在的艰难和未来的倒霉。对于他们来说，从来没有一件事情是满意的。当他们终于得到了所向往的东西的时候，他们又不再想要了；如果失去了的话，他们又一定要找回来。他们不断重复老一套消极泄气的想法，把不幸和烦恼作为生活的主题。即便在平安无事、一切顺利的时候，也习惯于只琢磨生活当中消极泄气的事情。他们觉得不幸和气愤的时间太多。他们总是喜欢谋蝶不休地发表消极泄气的意见和批评。他们说泄气话，指手划脚，令人难堪，使别人同他们疏远起来。

心理失败者往往把周围环境当中每件美中不足的事情放在心上，对周围事情的指责和消极的念头捆住了他们的手脚，使他们很难再去体验欢乐。他们认为一切事情都会糟糕下去，而且不自觉地促使自己造成不愉快的局面，使他们的预言实现。

心理失败者常常由于似乎难以解决的难题而挫伤情绪，失去活力，陷于失望，无所作为。在遇到麻烦和苦恼的时候，他们往往把精力用在责怪、牢骚和抱怨上。

心理失败者说许多带“不”字的话，例如“不能如何、不要如何、不应该如何”等等。他们最常用的形容词是“糟糕、讨厌、可怕和自私”。

他们没完没了地指责别人“为什么不如何”、“怎么没有如何”。

而心理成功者往往为自己四周的美好事物和自然的奇迹感到欢愉。他们对于鲜花含苞待放、雨后空气清新之类的小事也欣赏喜爱。

乐观的心态是这种人关键性的心理素质之一，他们把自己的思想和谈吐引导为振奋鼓劲的念头和看法。他们体验得到现实存在的美好事物。他们把过去当成借鉴参考的资料库，把未来看作充满无限希望欢乐和诱人的境界。

心理成功者看重他们所具备的愉快而有价值的条件，想出有创造性的办法去争取达到想要达到的其他目标。他们能够迅速解决问题，把处境当中的消极方面缩小到最小程度，并且找出积极的因素来。他们致力于所处的环境中发现求得发展和学习的机会。

心理成功者喜欢同别人交往，不论自己有所收获还是对别人有所帮助，都乐见其成。他们对参与了的活动都从好的方面加以评论，同别人相处也很热情。即使处于严峻的环境与灾祸之中，他们也会发掘出积极因素，鼓起勇气向前跨步，使情况有所改善。

心理成功者感到烦恼不快的时候，会动手去扭转自己所处的局面。他们知道，要过得顺心愉快，责任在自己。

心理成功者善于用“情绪吸尘器”清除掉自己的烦恼念头和悲观情绪。他们在不利环境中也设法发掘出积极因素来。他们在头脑哩储存的是“好、妙极了、亲切、重要、喜欢、高兴、了不起”一类的词语。

黑暗的心情，会在心底播下不良的种子，所以只有不良的作用反复地传达下来。因此，还是要尽量以明朗的心情来努力比较好。

假设现在被厄运打垮，也应该把持着“过去已成过去，今后情况一定会变好”的心情。这种将心中由黑暗改变成光明的方法，会慢慢地改变周围的环境或条件。相反地，不去求改变，心里一直失望地认为“我的环境不好，条件也不好”的话，就很难将此转变成好的环境或条件。所以我们应该抱着“环境或条件虽然不好，我也要做做看”这种心情去奋斗。如此，就会在心底播下好的种子，并且由于这种作用、环境或条件就会慢慢地变好。

当然只靠明朗的心情努力是不够的，还需要一边努力做一边有“我要做给你看”、“我很想做”、“我一定要做”的这种思想才行。希望和努力能够为你打开一条又新又活的道路。

生活中努力而无法成功的人也很多。原因之一是，他们不抱着“我一定要做给你看”、“我一定要成功”的心情去努力。努力，加上信念，并一直持续下去，总有一天你会踏上一条新的道路。本来被你认为“那么厚重，大概没办法打破”的一道墙，总有一天会在你眼前突然崩溃下来的。

纵使身处苦难中，也能够忘记苦难，这才是开拓新道路应具有的心情。

人生中，谁曾经都可能有过几次失败的经验，但那些都已经成为过去了。未来将有什么伟大的事业等着我们去开创，这是谁都无法预测到的。

心理学要点：

一个背着包袱走路的人注定走不了多远，一个有“情绪包袱”的人在生活中必然会碰壁。卸下包袱，从容前进，让心情乐观起来，让心理坚强起来，未来就在你的脚下。

修筑堤坝不如引流疏导，总之要让情绪发泄得恰到好处

如前面所说，情绪像汹涌的洪水，而控制情绪就是治水，常采取的一种错误方法是修筑堤坝。那种盲目地压抑情绪的方法，最后将导致情绪的爆发，并且危害更大。遇到消极情绪，正确的方法是引流疏导，让情绪发泄得恰到好处。一般来说，分为以下三个步骤：

第一步，察觉情绪。

人的情绪有时候很微妙，不易捕捉。察觉情绪是控制情绪的第一步，如果自己不知道自己现在的心情，还谈什么控制和治理。就像我们看医生一样，必须先查清病情，才能对症下药，所不同的是这个医生一般来说就是你自己，别的人也能瞧出你的"病情"，但至多只是对你进行告知，进行治疗的还是你自己。

不能控制情绪的人，大部分是因为在当时没有察觉到自己的情绪，也没想到这种情绪导致的不良后果。而管好自己的情绪恰恰需要我们及时地察觉到自己的情绪。"马后炮"又能起什么作用？重要的是，我们必须能即刻察觉自己的情绪，以免延误"病情"。

有的情绪延误的时间较长，比如抑郁、悲哀、焦虑等，我们察觉起来比较容易一些。相信大部分的女孩都有一本记录心思的日记本，当心

情不好的时候拿出来发泄发泄，记录下自己当时的心情。有一位心理治疗专家说：“如果我们用文字或语言将自己的恐惧和焦虑澄清一下，往往自己会为此感到十分惊讶。”

有的情绪延续的时候较短，比如愤怒，爆发就在那一瞬间。此时，察觉到这种情绪后，就应注意克制，有效的方法是利用好自己的潜意识，时常提醒自己要“注意自己的情绪，要理智一点”，时间长了，当你以前难以控制的情绪再次出现时，潜意识就发挥作用，让你明白这种情绪已经发生了，需要你控制。

察觉情绪是控制情绪的前提，培养自己敏锐的察觉能力，才能及时控制好自己的情绪。

第二步，解剖情绪。

解剖情绪是一个非常重要的过程，正如查清病情后，应找出病因。将情绪产生的来龙去脉理一遍，找到源头，从根本上治理。

解剖情绪需要你冷静下来，并且拿出勇气来给自己开一刀。有的人能够察觉出自己的不良情绪，但却没有勇气或者懒于解剖，不能正视事实，解决问题。要解剖情绪，还得先让自己进入这一程序。

写日记，不但是记录下自己的心情，同时也是对自己情绪进行分析解剖。有一篇大学生日记是这样写的：

今天，我到商店买东西，发生了一件很不愉快的事情。

买完东西后，离开商店不久却发现找回的钱中有一张 10 元钱是假币。我怒气冲、冲地跑回商店，将 10 元钱扔在柜台上。接下来就是一场争执，我真想和她打一架。不过，现在看起来，自己的行为有一些可笑。真不明白自己当时为什么那样冲动。如果当时冷静下来想想，也不至于发生那么大的争执。尽管钱是假的，但自己为什么当时不看清楚一点儿，如果我当时能平静下来，不那么气势汹汹，和气地解释，可能事情会完全不一样。自己是一个大学生，行为怎么这么鲁莽和冲动，太不应该了。生气是不值得的，不管怎么样，自己也有一部分责任。吃一堑，长一智。千万别坏了自己的心情。

这一则日记包括了解剖的全部过程，先记录情绪，然后找出产生的原因，根据原因分析是否具有合理性，从而化解了不良情绪。

第三步，调节情绪。

调节情绪的具体方法大概有以下三种。

其一，适当发泄。控制情绪不等于压抑情绪，压抑情绪坏处很多，而适当地发泄一下，可以消除不良情绪，还有利于身体健康。

美国钞票公司总经理伍德赫尔就利用红墨水发泄自己的感情。起初，他只是一家公司的小职员，上司也不怎么器重他，提升的机会也比较少。他很郁闷，但他和别的人发泄的方式有所不同。其他人可能用语言发泄，而他却用红墨水发泄。他说："当我独处的时期，这种郁闷和不满会逐渐膨胀，让我真想辞职算了。但在我写辞职信之前，我拿来一支钢笔和一瓶红墨水，坐下来把我对上司的评价从头写到尾。然后，把纸放回抽屉里，把苦闷告诉一位挚友。挚友叫他拿一瓶黑墨水，把上司们的优点写出来，也把他能做的事写出来。写完以后，他将两张纸对比了一下，决定留下来。

他说："在以后的工作中，我都用这种方法把想说而不敢说的话写出来。每次写完以后，备感轻松。"

其二，转化法。消极情绪并不一定就只能发挥消极作用，在某些时候，它可能化为巨大的动力。纽约某银行总经理弗雷就是这种善于转化的人。开始，他在长岛开了一家昆士郡银行，规模较小但自我感觉良好。有一天，一位大银行的经理来访，一句轻蔑的话却让弗雷大为转变。临走时，大银行的经理对他说："如果你活得长一点儿，或许银行会变得稍大一些。”

这句话让他深受刺激，他说：“当时，我被这句话气得话都说不出来。‘如果你活得长一点儿’，这什么话，好像我只是在等待好事来临。但从此以后，我就发誓要打败他。4年以后，我银行的存款是他的两倍。”

聪明的人不会因为别人的行为而看轻自己，更不会只顾发怒，生气和愤怒都不能解决问题。只有化悲愤为力量，奋发图强，才能出人头地。

其三，转移法。当不良情绪产生时，我们可以将注意力从原来的事物上转移到别的地方去。有的人心情不好时，喜欢吃东西，或上街疯狂购物，借花钱发泄心中的苦闷；有的人靠麻醉自己，迫使自己忘记烦恼。常见的喝酒或到游戏厅、舞厅，借喧闹刺激自己郁闷情绪的方法，效果不一定好，“抽刀断水水更流，借酒消愁愁更愁。”因此，转移注意力时，要注意采取更有效的方式。

将注意力转移，可以将原有的情绪暂时冲淡，而转换为另一种情绪。其方法就是将消极情绪转化为积极情绪，而把过于兴奋的情绪恢复到正常。

心理学要点：

情绪像汹涌的洪水，而控制情绪就是治水，常采取的一种错误方法是修筑堤坝。那种盲目地压抑情绪的方法，最后将导致情绪的爆发，并且危害更大。遇到消极情绪，正确的方法是引流疏导，让情绪发泄得恰到好处。

愤怒就像火山，不仅会伤及别人，也会灼伤自己

通常，愤怒是人们对客观现实中某一方面或某些方面不满意或是由于个人意愿多次受挫折引起的负面心理。无论大人还是小孩，在个人意愿受到阻止或压抑时，均容易产生不稳定的情绪，多表现为情绪暴躁、难以控制心中的怒火。

愤怒是一种很可怕的负面情绪，它不仅会使人赔上自己的声誉、工作、朋友和所爱的人，还会严重影响个人的身心健康，更有甚者会迷失自我。

愤怒是丑陋的，而且是一种具有破坏性的情绪，蛰伏在人心，蓄势待发，并伺机操纵人的生活。愤怒可以像吹熄的蜡烛，会暂时蒙蔽人的双眼，而且令人做事违背常理。因此，无法抑制的怒气容易成为伤害身心至深的本源。

俗语说："一个愤怒的人只会破口大骂却看不见任何东西。"

美国一位政治候选人刚刚崭露头角，他被引荐到一位有多年政界经验的前辈那里，希望通过这位政界前辈的帮助获得更多选票。

令候选人吃惊的是，这位政界前辈有一个小小的要求：交谈中如果候选人打断了他的讲话，就必须支付 5 美元的罚款。候选人爽快地答应了。

"很好。首先，你对听到的关于自己的一些诋毁和诬蔑，最好不要

感到愤怒，随时都要注意这一点。”

“噢，我会做到这一点的，无论别人说什么、怎么说，我都不会因此发脾气，我对别人的话毫不在意。”候选人说。

“很好，这就是我的经验的第一条。但是，坦白地说，我是不希望你这样一个不道德的流氓当选的……”

“先生，你怎么可以这样侮辱我……”候选人抗议了。

“请付 5 美元。”

“哦！啊！这只是一个教训，对不对？”

“哦，是的，这是一个教训，其实，这也是我的真实想法……”

“你怎么这么说，你这简直是在污蔑……”候选人生气了。

“再付 5 美元！”

“哦，这又是一个教训，你的 10 美元赚得也太容易了。”

“没错，10 美元，你是否先付清钱，然后再继续？因为，人人都知道你是个不讲信用的人……”

“可恶！你这个家伙！”候选人又忍不住生气了。

“请付 5 美元！”

“啊！对不起，这又是一个教训，我最好试着控制自己的情绪。”

“好的，我收回以前的话，但我的意思并不是这样。在我看来你是一个值得尊敬的人，但考虑到你卑贱的家庭，而且还有那样一个声名狼藉的父亲……”

“你才是个声名狼藉的恶棍！”候选人又愤怒了。

“请付 5 美元。”

在候选人的惊愕中，政界前辈说：“现在，就不是 5 美元的问题了。你要记住，你的每一次发火或者你为自己所受的侮辱而生气时，至少会因此丢失一张选票。对你来说，选票可比钞票值钱得多。”

当人在受到足够的负面刺激后，会产生剧烈的愤怒情绪，从而导致理智丧失，做出冲动的事。正如那句俗话说的，愤怒就像火山，不仅会伤及别人，也会灼伤自己。

历史上，吴三桂的“冲冠一怒为红颜”，使清军入关，改写了中国历史；而现代日常生活中的怒，轻则危害自己的身体健康，重则损坏财物，伤害他人。可见，愤怒情绪的危害是巨大的。有人说，当愤怒的人重回理智时，会把怒气转移到自己身上，如同银行的存款可以产生利息般。停滞在心中的怒气，他日会变成痛苦的根源。

愤怒并不是解决问题的办法，只有通过各种行之有效的途径，对面临的困境做出正确的判断，才能使难题得以真正的破解。

一个能理智地控制自己情绪的人，能在发怒前的一秒钟内迅速考虑到发怒会导致的严重后果，从而控制住自己，避免事态向坏的一面发展。如果我们能在日常生活、工作中及时控制自己的愤怒情绪，并及时从愤怒的情绪中摆脱出来，那么，这个世界将会更加安宁、和平。

心理学要点：

愤怒的火焰会吞噬掉自己的工作、朋友、家庭和声誉，以及心灵的宁静和健康，甚至会失去自我。收起你愤怒的火焰吧，用一种平和的心态，让生命中宁静温馨的百合花常开！

每当恐惧不安的时候，要往好的方面去想，不要被焦虑压倒

在压力越来越大的今天，焦虑愈来愈成为一种易发的情绪病。

焦虑是一种令人提心吊胆、紧张不安的情绪感受。焦虑时，人会表现出坐立不安、心烦意乱的症状。白天头昏脑胀、无精打采，对身边的人和事始终心存疑虑，非常敏感；夜里失眠多梦，常常从噩梦中惊醒，从而出现睡眠不足、精神萎靡、口干舌燥、血压升高、心跳过度等生理上的多种不良症状。

焦虑是一种不容忽视的心理因素，如果你发现自己经常会出现紧张不安、心烦意乱，或是莫名的恐惧的时候，你就需要及时对自己的情绪加以调整了。

乔治是某石油公司的老板，有些运货员偷偷地扣下了给客户的油量卖给了他人，而乔治却毫不知情。有一天，来自政府的一个稽查员告诉乔治，他已经掌握了乔治员工贩卖不法石油的证据，并要检举他们。但是，如果乔治贿赂他，他就会网开一面。当时乔治非常厌恶稽查员的行为和态度，一方面他觉得这是那些盗卖石油的员工的问题，与自己无关；但另一方面，法律又有规定“公司应该为员工的行为负责”。可是，万一案子上了法庭，就会有媒体来炒作，一旦传出去会影响到公司的名声和生意。乔治为此感到非常焦虑，三天三夜无法入睡。

乔治无法做出正确的决定，每天为此担心。一天，他问自己：如果不付钱的话，最坏的后果是什么呢？后来，在一个星期天的晚上，他碰巧拿起一本叫做《如何不再忧虑》的小书，这是他去听卡耐基公开演说时所拿到的。乔治开始阅读，读到威利·卡瑞尔的故事，里面说："面对最坏的情况。"于是乔治问自己："如果我不肯付钱，那些勒索者把证据交给地方检察官的话，可能发生的最坏情况是什么呢？"答案是：毁了我的生意——最坏就是如此。我不会被关起来。所可能发生的，只是我会被这件事毁了。于是乔治对自己说："生意即使毁了，但我在心理上可以接受这点，接下去又会怎样呢？"那就是：我的生意毁了之后，也许得去另外找件差事。这也不坏，我对石油知道的很多——有几家大公司可能会乐意雇用我……这样想着，乔治开始觉得好过多了。3 天 3 夜来，他的那份忧虑开始消散了一点，他的情绪稳定了下来……更意外的是，他居然能够开始思想了。

乔治头脑清醒地看出第三步——改善最坏的情况。就在他想到解决方法的时候，一个全新的局面展露在他的面前：如果我把整个情况告诉我的律师，他可能会找到一条我一直没有想到的路子。他知道这乍听起来很笨，因为他起先一直没有想到这一点——当然是因为他起先一直没有好好思想，只是一直在担心的缘故。乔治马上打定了主意，第二天清早就去见他的律师。接着他上床，睡得安安稳稳。

第二天早上，乔治的律师叫他去见地方检察官，把整个情形告诉他。乔治果然照他的话做了。当乔治说出原委之后，出乎意外地听到地方检察官说，这种勒索的案子已经连续好几个月了，那个自称是政府官员的人，实际上是警方的通缉犯。当乔治为了无法决定是否该把 5000 元交给那个职业罪犯而担心了 3 天 3 夜之后，听到他这番话，真是松了一大口气，心中的石头终于落下来了。这次的经历使乔治终生难忘，从此以后，每当乔治开始焦虑担心的时候，就会用那次的经验来帮助自己摆脱焦虑。

消除焦虑心理，最好的办法就是放松自己的身心。

应该学会自我疏导。当你发现自己已经被焦虑的情绪左右时，应该及时进行自我疏导，适时转移自己的注意力，将思维转移到愉快的事情上。也可以通过自我宣泄和放松，改变对生活事件、挫折、压力的看法，参加体育运动，亲近大自然、陶冶性情，向家人、朋友倾诉等方式来缓解焦虑。此外，可求助于专业的心理医生，也可进行药物治疗。

心理学要点：

焦虑是一种不容忽视的心理因素，如果你发现自己经常会出现紧张不安、心烦意乱，或是莫名的恐惧的时候，你就需要及时对自己的情绪加以调整了。远离焦虑，保持乐观心理，知足常乐，让生活淡定，让人生从容。

碰到紧急情况，心烦意乱不如保持静默，冷静寻找出路

所谓“慌不择路”，表面的意思就是因为惊慌、忙乱而顾不上选择道路。这是许多人遇上紧急情况时的一贯反应。这种反应对解决问题没有丝毫的帮助，反而会令事情越来越糟。

有几个老矿工，他们终日在极深的坑道中工作。有一天，矿灯突然熄灭了，他们顿时惊惶失措，开始胡乱的寻找出路。一阵混乱的摸索后，他们竟然迷失了方向，几个人走得精疲力竭，只好坐下来休息。

大家谁也不说话，空气中是令人窒息的恐惧，好像死亡即将来临。一些人根本坐不住，烦躁地走动着。这时，一个平时处事冷静的老矿工开口说话了：“与其这样盲目乱找，不如坐在这里，看看是否能感觉到风的流动，因为风一定是从坑口吹来的。”

大家听了他的话似乎看到了希望，都稳稳地坐了下来。刚开始没有一点的感觉，可是一段时间后，他们的心思变得很敏锐，逐渐感受到阵阵微弱的风轻抚脸上。他们顺着风的来处，终于找到出路了。

在慌乱中寻找人生的出路，往往会失去方向，不如保持静默，拭去心灵的浮躁，出路往往就会出现在你面前。

还听过这样一个小故事。有一个木匠在工作的时候，不小心把手表掉落在满是木屑的地上，他一面大声抱怨自己倒霉，一面拨动地上的木

屑，想找出他那只心爱的手表。

许多伙伴也提了灯，帮他一起找，可是找了半天，仍然一无所获。等这些人去吃饭的时候，木匠的孩子悄悄地来到屋子里，没一会工夫，他居然找到了手表！

木匠又高兴又惊奇地问孩子：“你是怎么找到的？”

孩子回答说：“我只是静静地坐在地上，一会儿我就听到‘滴答’的声音，就知道手表在哪里了。”

是啊，心烦意乱是不能让问题得到解决的，倒不如静下心来，也许一切便迎刃而解。

心理学要点：

在慌乱中寻找人生的出路，往往会失去方向，不如保持静默，拭去心灵的浮躁，出路往往就会出现在你面前。

摆脱“齐氏效应”的困扰，从紧张压抑的状态中解脱出来

当今世界是一个竞争激烈、快节奏、高效率的社会，这就不可避免地给人带来许多紧张和压力。精神紧张一般分为弱的、适度的和加强的三种。人在做事的时候需要适度的精神紧张，这是人们解决问题的必要条件。因为，适度的紧张，可以集中人的注意力，帮助人迅速找出解决问题的方法。但是，我们常说万事过犹不及，倘若过度紧张了，就可能会因此导致失误和失败。人在高度紧张的状态下，浑身肌肉收缩、呼吸急促、心跳加快，思维也会停滞。

学生学习紧张，运动员训练紧张，职场人员工作紧张……这个社会的人们几乎都难以避免齐氏效应的困扰。什么叫齐氏效应呢？

齐氏效应是一个非常著名的心理效应，指由于工作压力过大而造成的心理上的长期紧张状态。齐氏效应源于法国心理学家齐加尼克所做过的一次非常有意义的实验——“困惑情境”实验。齐加尼克先把一批受试者分成甲乙两个组，然后让他们同时完成 20 项工作。其间，他对甲组受试者进行干预，让他们不能继续工作而没能完成任务，让乙组受试者顺利完成所有工作。实验结果表明，尽管每个受试者在接受任务的时候都呈现出一种紧张状态，但顺利完成任务者的紧张状态随之消失，而没完成任务者的紧张状态继续存在，他们的思绪总是被那些没能完成的

工作所困扰。后一种情况就被叫做"齐氏效应"，也称为"齐加尼克效应"。

齐氏效应告诉我们样一个事实：在接受一项任务的时候，人会产生一定的紧张心理，唯有完成任务，这种紧张感才会消除。在没有完成任务之前，紧张感会一直持续下去。

随着现代科学技术的高速发展以及知识信息量的飞速增长，我们要承担的工作量和要学习的知识量也相应地大大增加，工作和生活节奏越来越快，心理负荷也日益加重。

比如，小学生的书包越来越大、越来越沉，眼镜镜片也越来越厚，业余时间只能转战于各种英语学习班、奥数培训班以及钢琴训练班中；都市白领的工作节奏也日趋紧张，永远都有做不完的工作，就连吃饭的时候，也很难让一直持续高速运转的大脑休息一下；新闻媒体的工作者在节目播出前、上班外的时间，依旧会考虑编排和制作等情况；置身于某一攻关项目的科研人员，哪怕休息时也会是"身在曹营心在汉"；另外，企业家、医务人员以及作家等，大部分人也都避免不了齐氏效应的困扰。

我国古代有这样一则寓言故事：

师傅正在传授射箭的技巧。师博问徒弟："你的臂力强吗？"

"当然了！七石的弓（古代以石论弓的强度），我常把弓拉满几个时辰都不放。"言语间自豪之情难以掩饰。

"很好！现在我要你把箭射出去！看看你能射多远！"师傅说道。

信心百倍的徒弟忙用自己拉满七石的弓将箭射了出去。

师傅看后，也跟着射出一箭，用的是自己六石的弓，但是却比徒弟射得远很多。

看着徒弟惊讶的表情，师傅开口了："强弓要虚的时候多、满的时候少，才能维持弹性，成为强弓。倘若弦总是被拉紧的，就不可能射出有力的箭了。”

原来，箭射得是否足够远，并不单单倚靠弓的强度，绷得越紧的弦就越容易断。人的精神又何尝不是如此呢？如果一味将自己置身于紧张的学习、工作中而不得丝毫休息的时间，忽略我们自身的生理和心理的承受压力，那就得不偿失了，甚至会本末倒置。

1888年，在美国第23届总统竞选当天，候选人本杰明·哈里森十分平静地在等候最终的结果。但是，他的票仓主要设在印第安那州，而那里宣布竞选结果时已是晚上11点了。后来，有一个朋友打电话祝贺他，却被告知哈里森已经上床睡觉了。

次日上午，那位朋友问他，选举结果快要出来了，他为何睡得那么早。哈里森解释道：“睡不睡觉并不能改变选举的最终结果，就算当选，我也知道自己前面的路会非常难走。所以，不管结局如何，休息好都是一个明智的选择。”这句话说得很对，“休息好是明智的选择”。不管学习和工作有多么忙碌，我们都该经常想着哈里森的这句话。

心理学家认为，紧张是一种有效的反应方式，是人应对外界刺激和困难的一种准备。有了这种准备，便可产生应付瞬息万变的力量。因此紧张并不全是坏事。然而，持续的紧张状态，则会严重扰乱机体内部的平衡，并导致疾病。所以我们应该学会自我消除紧张状态。

要想有效消除紧张心理，从根本上来说，首先要降低对自己的要求。一个人如果十分争强好胜，事事都力求完美，事事都要争先，自然就会经常感觉到时间紧迫、匆匆忙忙。而如果能够认识到自己能力和精力上的局限性，降低对自己的要求，凡事从长远和整体考虑，不过分在乎一时一地的得失，不过分在乎别人对自己的看法和评价，自然就会使心境轻松一些。

另外，还要学会调整节奏，劳逸结合。在日常生活中要注意调整好节奏。工作学习时要思想集中、心无杂念；休息时要暂时把工作放在一边，痛痛快快地去玩。另外，还要保证充足的睡眠时间，适当安排一些文娱、体育活动，做到有张有弛，劳逸结合。

心理学要点：

紧张是一种有效的反应方式，是人应对外界刺激和困难的一种准备。有了这种准备，便可产生应付瞬息万变的力量。因此紧张并不全是坏事。然而，持续的紧张状态，则会严重扰乱机体内部的平衡，并导致疾病。所以我们应该学会自我消除紧张状态。

06 追求身心健康，
创造美好人生

微反应

心理的力量无穷无尽，以积极健康的意念激发出积极健康的心理

无数事实都证明：人的心理确确实实在影响着人的健康和幸福。

“二战”时期，德国的纳粹分子曾进行了一次触目惊心的心理实验，他们声称将以一种特殊的方式来处死人，这种方式就是抽干人身上的血液。实验那天，他们从集中营挑选来两个人，一个是牧师，另一个是普通工人。纳粹士兵将俩人分别捆绑在床上，用黑布蒙住双眼，然后将针头插进他们的手臂，并不时地告诉他们：“现在，你已经被抽了多少升血了，你的血将在多少时间内被抽干！”其实，纳粹士兵并没有真的要抽干他们的血，而只是在他们的手臂上插进了一支空针头。结果，普通工人的面部不断抽搐，脸色变得惨白，渐渐地在惊恐万状中死去。显然，这位普通工人内心充满了恐惧，恐惧的心理使他心力衰竭，导致了死亡。而那位牧师却始终神情安详，死神没有夺取他的生命，他活了下来。事后，人们问他当时想些什么，他说：“我的内心很平静，我不害怕，我问心无愧，即使死了，我的灵魂也会进入天堂。”

纳粹分子的这个实验虽然残酷，但却告诉了我们一个道理：心理的力量是无穷无尽的，如果你有一个好心理，你就可以选择生；如果你有一个坏心理，你就只能选择死。

西方心理学家反复证实了一个观点：心灵会接受不管多么荒谬的暗

示，一旦接受了它，心灵就会对之做出反应。这就是说，人的理智接受事实，人的心灵则接收暗示。人如果给心灵以积极的暗示，心灵就会呈现出积极的状态；人如果给心灵以消极的暗示，那么，心灵就会呈现出消极的状态。

俄国作家契诃夫曾写过一篇小说——《小公务员之死》。小说讲，有一个小公务员一次去看戏，不小心打了一个喷嚏，结果口水不巧溅到了前排一位官员的脑袋上。小公务员十分惶恐，赶紧向官员道歉。那官员没说什么。小公务员不知官员是否原谅了他，散戏后又去道歉。官员说："算了，就这样吧。"这话让小公务员心里更不踏实了。他一夜没睡好，第二天又去赔不是。官员不耐烦了，让他闭嘴、出去。小公务员心想，这下子可真是得罪了官员了，他又想法去道歉。小公务员就这样因为一个喷嚏，背上了沉重的心理负担，最后，他……死了。

契诃夫对小公务员死因的描写虽有些夸张，但却说明一个人的心理对其身心健康有着极其重要的作用。

西方一位心理学家给我们讲述了一个故事——他的一位亲戚向一位印度水晶球占卜者卜问吉凶，后者告诉他，他有严重的心脏病，并预言他将在下一个新月之夜死去。

这一消极的暗示进入了他的心灵，他完全相信了这次占卜的结果，他果然如预言所说的那样死了，然而他根本不知道他自己的心理才是死亡的真正原因。这是一个十分愚蠢、可笑的迷信故事。

让我们看看他真正的死因吧：这位心理学家的亲戚在去看那个算命巫婆的时候本来是很快乐、健康、坚强和精力旺盛的，而巫婆给了他一个非常消极的暗示，他则接受了它。中国有句古语：信则灵，不信则不灵。消极的暗示使他的心理变得消极起来，他非常害怕，在极度恐惧和焦虑中不停地琢磨他将死去的预言。他告诉了每一个人，还为最后的了结做好了准备。这种必死无疑的心理终于让他结束了自己的生命。

毫无疑问，不同的人对同一暗示会做出不同的反应。例如，如果你走到船上的一位船员身边，用同情的口吻对他说："亲爱的伙计，你看上去好像病了。你不觉得难受吗？我看你好像要晕船了。"

根据他的性情，他要么对你的"笑话"抱以微笑，要么表现出轻微的不耐烦。你的暗示这次毫无效果，因为晕船的暗示在这位船员的头脑中未能引起共鸣。一位饱经风浪的水手怎么会晕船呢？因此，暗示唤醒的不是恐惧与担忧，而是自信。

而对于另一个乘客来说，如果他缺乏自信，晕船的暗示就会唤醒他头脑中固有的对于晕船的恐惧。他接收了暗示，也就意味着他真的会变得脸色苍白，真的会晕起船来。我们每个人的内心都有自己的信仰和观念，这些内在的意念主宰和驾驭着我们的生活。暗示一般是无法产生效果的，除非你在精神上接受了它。

因此，我们一定要以积极健康的意念来激发出积极健康的心理，因为只有心理健康了，我们才能有健康的身体。

心理学要点：

如果给心灵以积极的暗示，心灵就会呈现出积极的状态；人如果给心灵以消极的暗示，那么，心灵就会呈现出消极的状态。

人的健康不仅仅指强健的体魄，也必须包含心理的因素

我们每个人都在追求健康，都希望自己拥有一个强健的体魄。但对于健康的认识却往往比较模糊，人们总是简单地认为身体没疾病就是健康，而事实上，不是的。世界卫生组织对健康做了如下定义："健康是指身体上、心理上和社会上的完美状态，而不仅是没有疾病和虚弱的现象。"具体可以化为三个标准：一是没有器质性和功能性异常，二是没有主观不适的感觉，三是没有社会公认的不健康行为。可见健康是身体健康、心理健康和社会道德健康的综合体。

人的心理活动对生理反应的影响是非常大的。比如，当一个人心情难过时，肠胃的蠕动就会下降，消化液分泌减少，从而导致食欲降低，会吃得很少；而当人情绪愉快时，胃粘膜就会增加，胃壁运动也会明显增强，食欲就会比较旺盛。一般的情况下，积极、乐观的心理因素能有效地促进人的身心健康，而消极悲观的心理因素则会有损人的身心健康。因此，心理因素在很大程度上决定着人的身心是否健康。

乐观的心态可增进身体健康。当人愉快时，大脑会产生一种物质"安多芬"，使人增加舒服畅快感受。乐观有助建立良好的人际关系。一些人因拥有较正面的情绪，所以别人喜欢与他们交往，而他们也会积极主动地去建立友谊，关心及体贴别人的需要，帮助别人解决困难；相反，

如果一个人心态悲观，那么他会觉得所有的人都对自己不够友好，所有的人都在想方设法地对付自己，感到生活总是毫无意义，工作总是枯燥乏味，加班总不心甘情愿。会觉得领导总是不考虑自己的感受，朋友总是不够真诚，家人总是不够体贴……总而言之，一切都糟透了。积极乐观心态也有益于人的身体健康，一个人如果长期处于忧虑与烦恼中，疾病也就会找上门来了。

有这样一个故事：以前，有一个人得了一种怪病，他终日为疾病所苦。为了能早日痊愈，他看过了不少医生，都不见效果。有一天，他听人说远处有一个小镇，镇上有一种包治百病的水，于是就急忙赶过去，跳到水里去洗澡，但是，这不但没有治好他的病，反而病情还加重了。

有一天晚上，他在梦里梦见一个精灵向他走来，关切地问他："所有的方法你都试过了吗？"他说："试过了。""不，"精灵摇头说，"过来，我带你去洗一种你从来没有洗过的澡。"

精灵将这个人带到一个清澈的水池边对他说："进水里泡一泡，你很快就会康复。"说完，就不见了。这个人跳进了水里，等他从水中出来时，所有的病竟然真的消失了。他欣喜若狂，猛地一抬头，发现水池旁的墙上写着"抛弃"两个字。这时他也醒了，梦中的情景让他猛然醒悟：原来自己一直都没有把那些坏心、情抛弃，才得了这样的怪病。从那以后他不再消极，没过多久，他的身体就康复了。

我们常说，笑一笑，十年少，意思是保持积极乐观的生活态度有助于延长寿命。美国科学家通过 15 年的研究，进一步证实了这一常识。大卫・斯诺登是肯塔基大学教授，他从 1986 年开始就对圣母修女学院的 678 位修女进行跟踪研究，这些修女每年定期体检，而且同意死后将她们的大脑捐献出来供医学研究。研究人员发现，年轻时比较乐观的修女，到年老后不容易患早老性痴呆症。越乐观的人，随着时间的流逝，他们对自身造成的压力就越小。相反，经常焦虑、动怒的人岁数大后更容易中风和患心脏病。

几年前，斯诺登和他的同事开始仔细阅读180位修女在她们20多岁时写的自传，对生活持乐观向上态度的修女在她们自传中喜欢用“幸福”、“快乐”、“爱”、“满意”和“充满希望”等字句，而且她们要比悲观的人平均多活10年。

另外，美国明尼苏达梅奥医院人员对800多人进行了为期30年的跟踪研究，发现情绪乐观的人生存率远远高于预期值。另一方面，情绪悲观的人实际寿命与预期寿命相比，提前死亡的可能性高19%。

由此可见，良好的心理对保持身体的健康是多么地重要。很多时候，不是我们的身体生病了，而是我们的心理生病了。我们应该多注重心理的调节，保持乐观豁达的心态，凡事想开些，克服紧张、恐惧、焦虑和痛苦等不良情绪，这样才能够保持一种良好的心理状态，促进我们生理机能的完善和健全。

现代社会虽然给人们带来了很多的方便和享受，并且创造了很多机遇和成就，但同时也让人们承受着巨大的压力和无尽的烦恼。心理过于疲惫，从而导致各种各样的疾病乘虚而入。

因此，要想拥有健康，我们除了关注身体健康、注重身体锻炼和保养的同时，更应该注重心理健康的状态，注重心理素质的提高，这才是保持身心健康的根本。一位哲学家曾经说过：“人类的幸福只有在身体健康和精神安宁的基础上，才能够建立起来。”只有拥有了身与心的健康，我们的生活才会幸福美满。

心理学要点：

健康是身体健康、心理健康和社会道德健康的综合体。只有身心都保持良好的状态，我们的生活才会更加幸福和快乐。

调节心理的失衡状态，加重补偿功能的砝码以恢复平衡

心理失衡的现象在生活中时有发生。大凡遇到工作不如意、与家人争吵、被人误解讥讽等情况时，各种消极情绪就在内心积累，从而使心理失去平衡。消极情绪占据内心的一部分，而由于惯性的作用使这部分越来越沉重、越来越狭窄；而未被占据的那部分却越来越空、越来越轻，因而心理明显分裂成两个部分，沉者压抑，轻者浮躁，使人出现暴戾、轻率、偏颇和愚蠢等难以自己的行为。这是心理积累的能量在自然宣泄，其行为具有破坏性。

这时需要的是心理补偿。纵观古今中外的强者，其成功之秘诀就包括善于调节心理的失衡状态，通过心理补偿恢复平衡，甚至增加建设性的心理能量。

有人打了一个颇为形象的比方：人好似一架天平，左边是心理补偿功能，右边是消极情绪和心理压力。你能在多大程度上加重补偿功能的砝码而达到心理平衡，你就在多大程度上拥有了时间和精力去从事那些有待你完成的任务，并有充分的乐趣去享受人生。

维护心理平衡，保持良好心态，是热爱自己、热爱生活，也是热爱别人、热爱社会的一种生活态度、生活方式，久之，更是一种生活习惯。维护心理平衡，保持良好心态，实在是一个人的智慧、一个人的能

力、一个人的品味。因此，心理平衡被 WHO（世界卫生组织）确定为健康的四大基石之一，被国际社会《维多利亚宣》视为三大里程碑之一。

那么，人怎样才能养成令自己保持心理平衡的习惯，使自己处于健康而良好的状态呢？

其一，对自己不苛求。每个人都有自己的抱负，有些人把自己的抱负目标定得太高，根本实现不了，于是终日抑郁不欢，这实际上是自寻烦恼；有些人对自己所做的事情要求十全十美，有时近乎苛刻，往往因为小小的瑕疵而自责，结果受害者还是自己。

其二，暂时逃避。在现实中，受到挫折时，应该暂将烦恼放下，去做你喜欢做的事，如运动、打球读书、欣赏等，待心境平和后，再重新面对自己的难题，思考解决的办法。

其三，不要处处与人争斗。有些人心理不平衡，完全是因为他们处处与人争斗，使得自己经常处于紧张状态。其实，人际之间应和谐相处，只要你不敌视别人，别人也不会与你为敌。

其四，对人表示善意。生活中被人排斥常常是因为别人有戒心。如果在适当的时候表示自己的善意，诚挚地谈谈友情，伸出友谊之手，自然就会朋友多，隔阂少，心境自然会变得平静。

其五，适当让步。处理工作和生活中的一些问题，只要大前提不受影响，在非原则问题方面无需过分坚持，以减少自己的烦恼。

其六，找人倾诉烦恼。生活中的烦恼是常事，把所有的烦恼都闷在心里，只会令人抑郁苦闷，有害身心健康。如果把内心的烦恼向知己好友倾诉，心情会顿感舒畅。

其七，知足常乐。不论是荣与辱、升与降、得与失，往往不以个人意志为转移，荣辱不惊，淡泊名利，做到心理平衡是极大的快乐。

实践证明，心理平衡的作用，超过一切健康保证的总和，所以，心理平衡，对于每个人的健康和生命意义，实在太重要；对于维护每个家庭幸福、社会和谐与稳定，也实在太重要！

心理学要点：

维护心理平衡，保持良好心态，实在是一个人的智慧、一个人的能力、一个人的品味。

抛弃杂念，修身养神，从内心中寻找宁静

在喧嚣的生活中，当你感到疲惫、当你感到烦恼、当你被某个问题难住的时候，你不妨静静地独处一会儿，让身心放松，默默地冥想，或者什么也不想。你会发现，这是一种很有益处的修身养性的方法，也是一种开启智慧和灵感的有效方法。

中国的古人就深谙此道。

洪应明说："夜深人静的时候，独自一人静静地坐下，省视内心，就会排除妄念，显现真我。"他说，他常在这种静思中感悟到人生的真谛，既感知了真我、排除了妄念，又深深为自己的作为产生惭愧。

吕坤说："在静思时，可以看清楚自己究竟是一个什么样的人。"

李日华则设计了一个美好的沉思环境：打扫干净一间屋子，在里边摆好卧榻几案，点上香，沏好茶，非常清静，没有其他杂物干扰。这时独坐凝想，自然就会感觉到头脑清醒，心胸爽朗，世界上的一切烦恼、俗念、丑恶，都会渐渐消去。

古今中外，许多著名人物都有静坐沉思的良好习惯。伟大的宗教领袖，如释迦牟尼、穆罕默德，都是花很多时间来独处深思的。他们摒除尘世的干扰，独居冥思，因而开发出了大智慧。政治领导人也是如此。美国总统罗斯福因患小儿麻痹症，长时间只能独居养病，而这正好给了他安静思考的机会，使他能更好地考虑他的治国方略。印度的圣雄甘地

也总是独处思考，发展了他的超级思考能力和领导能力。南非卓越的领导人、诺贝尔和平奖的获得者曼德拉，曾有数十年的囹圄生涯，监狱成为他独居思考的最好地方。

我们都知道“达摩面壁”的故事。天竺高僧菩提达摩，在中国南朝梁代时，漂洋过海来到中国传授禅学。他来到中岳嵩山少林寺，寺中老僧对他并不热情，达摩便在寺后山上找到一个天然石洞，在蒲团上坐定，开始面壁修习禅定。这一修炼，就是 9 年。因面壁时间久长，达摩的身形竟映入石中，留下了“面壁石”的奇观。起初少林僧众对达摩面壁，都抱着看热闹的态度，洞口终日人声喧哗，但达摩我行我素，并不受影响。9 年过去，少林僧众都成了达摩的信徒，达摩由此成为中国禅宗初祖。

达摩面壁，是要使自己抵御住外界的诱惑，保持内心的纯净，“心如墙壁”，从物欲的困扰中解脱出来。静坐修炼，成为禅宗的一项重要修身方法。

日本卡通片中的一休小和尚，每次遇到难题，都要独自坐在树下，以手指按头，静坐一会儿，经过这样的思索，便能找到问题的答案。

很多科学家也有独自沉思的习惯，伟大的发现和发明往往在这时候诞生。据说万有引力定律的发现，就是牛顿独自一人在苹果树下沉思时，一个偶然掉下的苹果，触发了他的灵感。另一个有关阿基米德的故事也很有意思——

传说叙拉古亥厄洛王让工匠做了一顶纯金王冠。金王冠做成后，样式很好看，而且重量恰好等于国王给工匠的金子的重量。这使国王起了疑心，怀疑工匠偷去了若干金子，而掺入了银子和其他金属。国王命令阿基米德在丝毫不损坏金王冠的情况下，查明金王冠中是否掺入了其他金属以及掺入的重量。

阿基米德苦苦寻找着解决这难题的办法，但没有什么进展。他太累了，决定去洗洗澡，放松放松。他来到浴室，打开进水管，躺进浴盆里。温热的水浸泡着他，好惬意。他享受着这舒适的宁静……安静中，他听到有哗哗的水声。他睁眼一看，发现浴盆里的水已经满到盆口，正在往外溢。他赶紧从浴盆里出来，看见水面已经低于盆口。他忽然领悟到一个极其重要的科学原理。他欣喜若狂，连衣服都没穿好，就往王宫跑去，大声喊着："我找到啦！我找到啦！"

他找到了两个原理：一是把物体浸在任何一种液体中，液体所排开的体积，等于物体所进入的体积；二是物体所受到的液体浮力，等于所排出的液体的重量。阿基米德将与金王冠等重的一块金子，一块银子和金王冠分别放在水中。金块排出的水量最少，银块排出的最多，金王冠在两者之间。这就证明了金王冠中一定掺入了其他金属。在事实面前，工匠只得低下了头。阿基米德发现的就是液体静力学的基本原理。

在这个故事里，我们看到阿基米德在身心完全放松的情况下，静静地独处，排除了身体内外的一切干扰，让思维在有意无意中自然进行。这时，灵感就可能爆发，以前理不清的一些事就可能突然得到了解决办法。

这也是一种独处静思的方式，即让大脑休息，从苦苦思索转为放松的、下意识的思索。它和静静地独处，安静地思考问题有所不同，但它们的共同点都是要保持心灵的平静、身体的放松。可坐、可躺，可在室内、可在郊外，总之，要避开干扰，要消除紧张。

在平日，我们看到有人遇到烦心事时，常会说：对不起，我要一个人呆一会儿。这样的人是聪明的，他会通过独处静思，使自己冷静下来，以一种新的平和的心理来重新看待所发生的一切。我们也应该学会这一方法，再进一步，可以把它变成一种习惯。每天，最好是在晚上，或是清晨，抽出那么十几分钟、半个小时，找一个无人打搅的地方，静静地沉思冥想，或者干脆什么也不想，闭上双眼，深呼吸——吸气，吐气，再吸气，再吐气。当有杂念干扰你的思想时，你要轻轻地赶开它们，把注意力继续放在你的呼吸上，一遍一遍重复做。这时候，你心中的浮躁、焦虑、忧愁，就会慢慢离你远去。你会感受到神清气爽，生命的活力又回到了你身上……

现实生活中，我们会发现一些人之所以不能够成功，并不是由于其智商不高，而恰恰就在于他们的内心不能够达到“空”与“静”的状态。吕坤说：“心平气和，此四字非涵养不能做，工夫只在个定火。火定则百物兼照，万事得理。”的确如此。我们点一支蜡烛，如果火苗晃动，屋子里的东西就很难看清；如果火苗稳定，屋子里的一切都能看得清清楚楚。人也如此。如果一个人心浮气躁，他就看不清事物的本来面目，就会主观行事，一错再错；如果一个人心平气和，他就能认清事物的本来面目，就能够万事得理，一顺百顺。

吕坤又说：“心要实，又要虚。无物之谓虚，无妄之谓实。惟虚故实，惟实故虚。心要小，又要大。大其心能体天下之物，小其心不愦天下之事。”

人的心灵既要实在，又要空虚。对世间事物都不执著，这就叫空虚；没有一丝邪妄的念头，这就叫实在。只有心灵清虚空灵，才能观照万物；只有心灵纯真无妄，才能虚己受物。

有这样一个故事：一天，一个人正在大街上行走，突然有人喊了一声：“喂！你脚下好大一个金戒指！”这人低头一看，确实是一个金戒指，看起来大约值一千元。他捡了起来，喊话的人也走了过来，说：“这戒指是我发现的，应该有我一份。”这人一想有道理，但一个戒指怎么分呢？喊话的人出了个主意：“要不，我给你200元钱，你把戒指给我？”

这人一想，明明值 1000 元的戒指，一人一半应是 500 元，你想多分 300 元，天下哪有这样的好事？于是反问道："不行！这样做你愿意吗？"喊话的人犹豫了一会儿，说："好吧！也没别的办法了，你给我加 200 钱，戒指就是你的了。"这人一阵窃喜，照办了。回家后冷静一想，才发现事情有些蹊跷。请人一鉴定，戒指是假的，一文不值。为什么这人会上当受骗呢？因为他当时没有冷静地去想问题。为什么他不能冷静呢？因为他心里不空，他一看见金戒指后，内心的欲望就燃烧起来了：他要得到这个戒指，不能让它失去。他心中有了这样的想法，就不冷静了，对事情的来龙去脉也就不去思考了，于是，他就上当受骗了。

几乎所有的骗子和骗术都是在利用人们不能空静的心理。因为，只有这时，人们才不能去审时度势，才不可能发现事实的真相，他们的骗术才会成功。

古人说得好："心一松散，万事不可收拾；心一疏忽，万事不入耳目；心一执著，万事不得自然。"

现在扑克牌有一种玩法叫"诈金花"。每个人发三张牌，你可以看这三张牌，也可以不看这三张牌。然后，彼此来比大小，牌大的赢，牌小的输。在玩的过程中，牌大的人往往装出牌小的样子，牌小的人往往装出牌大的样子，于是，很多小牌赢了，大牌却输了。怎样来认识和判断对方的牌的大小呢？关键就在于自己的心理。太自信了，就会总认为自己的牌大，一直与对手玩下去，结果摊牌一看，对方比你还要大；太小心了，就会总认为自己的牌小，结果别人的小牌赢了自己的大牌。因此，"诈金花"实际上就是一种心理的较量。那么，什么心理才能赢呢？就是这种"静"与"空"的心理：一是冷静地观察对方动作表情的细致变化；二是不要心存妄念，主观地认为自己牌大还是牌小。如果做到了这两点，你就能比较准确地判断出对方牌的大小，就能采取相应的办法，也就能赢。

有一个笑话——从前有一个人，想钱想昏了头。一天早上，他跑到一家兑换金银的店里，抢了一把钱就走，却被一个店伙计拿住，把他送到了官府里。县官问他道："许多人都在那里，你怎么敢抢钱呢？"他说："我抢钱的时候，压根儿就没看见什么人，眼睛里看见的只是钱。"这个人说的确实是大实话，因为他的心里只有钱，只有钱的心理左右了他的视线，使他除了钱之外，什么东西都看不清了。所以，如果心理不能做到空与静，我们也常常会犯同这个人一样的错误。

心理的静与空，实际上是心理的两个层次。第一个是冷静，这个层次相对而言，人们比较容易做到；第二个就是空，空并不是佛教所言的四大皆空，而是指人在面对问题之时，内心不要有任何偏见、任何杂念，不要受自己固有情绪和情感的影响，更不要受自己喜怒哀乐的影响。要做到这一个层次，相对来说要难一些。但再难也要做到，不做到这一点，就不能冷静客观；不能冷静客观，就不能克服困难、解决问题，也就不能走向成功。

甘地说："每个人都应该从内心中寻找宁静，真正的宁静是不受外界环境干扰的。"

有一个故事，讲的是一个秀才去考举人，到揭晓那天，见榜上无名，就大骂考官有眼无珠。这时有一道士正巧从旁边路过，看见这一情况后，不禁微笑起来。秀才看见，又把一通怨气发向了道士。道士说："相公，你的文章写得一定不好，所以主考官才没录取你！"秀才怒不可遏道："你又没读过我写的文章，怎么会知道我的文章不好呢？真是岂有此理！"道士不慌不忙地答道："我听说做文章贵在心平气和，像你这样心浮气躁、怨天尤人，你的文章又怎么做得好呢？"严秀才一听，立刻醒悟，从此以后，反省自我，克服了自己内在的毛病，心理变得空静起来。第二次科举时，终于金榜题名。

因此，一个人的心理如果达到了空与静的状态，他就能“不以物喜，不以己悲。”不因一时失意就大为沮丧，也不因一时成功就得意忘形。拥有了这样的心理，他无疑也就拥有了一切。

心理学要点：

如果一个人心浮气躁，他就看不清事物的本来面目，就会主观行事，一错再错；如果一个人心平气和，他就能认清事物的本来面目，就能够万事得理，一顺百顺。

懂得选择，学会放弃，摆脱心理的贫穷

有位哲人曾说：“人之所以痛苦，不是因为拥有的太少，而是由于想要的太多。”正是因为欲望太多，从而造成心理贫穷。

很久以前，有两位很虔诚、很要好的教徒，决定一起到遥远的圣山朝圣。两人背上行囊、风尘仆仆地上路，誓言不达圣山朝拜，绝不返家。

两位教徒走啊走，走了两个多星期之后，遇见一位白发年长的圣者。这圣者看到这两位如此虔诚的教徒千里迢迢要前往圣山朝圣，就十分感动地告诉他们：“从这里距离圣山还有十天的脚程，但是很遗憾，我在这十字路口就要和你们分手了。而在分手前，我要送给你们一个礼物！什么礼物呢？就是你们当中一个人先许愿，他的愿望一定会马上实现；而第二个人，就可以得到那愿望的两倍！”

此时，其中一教徒心里想：“这太棒了，我已经知道我想要许什么愿，但我不要先讲，因为如果我先许愿，我就吃亏了，他就可以有双倍的礼物！不行！”而另外那个教徒也自忖：“我怎么可以先讲，让我的朋友获得加倍的礼物呢？”于是，两位教徒就开始客气起来，“你先讲嘛！”“你比较年长，你先许愿吧！”“不，应该你先许愿！”两位教徒彼此推来推去，“客套地”推辞一番后，俩人就开始不耐烦起来，气氛也变了：“你干吗？你先讲！”“为什么我先讲？我才不要呢！”

俩人推到最后，其中一人生气了，大声说道：“喂，你真是个不识

相、不知好歹的人，你再不许愿的话，我就把你的狗腿打断、把你掐死！”

另外一人一听，没有想到他的朋友居然变脸，竟然来恐吓自己！于是想，你这么无情无意，我也不必对你太有情有义！我没办法得到的东西，你也休想得到！于是，这一教徒干脆把心一横，狠心地说道：“好，我先许愿！我希望——我的一只眼睛也瞎掉！”

很快地，这位教徒的一个眼睛马上瞎掉，而与他同行的好朋友，也立刻两个眼睛都瞎掉！

原本，这是一件十分美好的礼物，可以使两位好朋友互相共享，但是人的“贪念”与“嫉妒”，左右了心中的情绪，所以使得“祝福”变成“诅咒”、使“好友”变成“仇敌”，更是让原来可以“双赢”的事，变成俩人瞎眼的“双输”！

在巴拉圭有一对即将结婚的未婚夫妻，很高兴地大喊大叫、相互拥抱，因为他们中了一张“高额彩券”，奖金是七万五千美金。

可是，这对马上要结婚的新人，在中奖后隔天，就为了“谁该拥有这笔意外之财”而闹翻了。俩人大吵一架，并不惜撕破脸、闹上法庭。为什么呢？因为这张彩券当时是握在未婚妻的手中，但是未婚夫则气愤地告诉法官：“那张彩券是我买的，后来她把彩券放人她的皮包内，但我也没说什么，因为她是我的未婚妻嘛！可是，她竟然这么无耻、不要脸，居然敢说彩券是她的、是她买的！”

这对未婚夫妻在公堂上大声吵闹，各说各话，丝毫不妥协、不让步，所以也让法官伤透脑筋。最后，法官下令，在尚未确定“谁是谁非”之时，发行彩券单位暂时不准发出这笔奖金！而两位原本马上要结婚的佳偶，因争夺奖券的归属而变成怨偶，双方也决定取消婚约。正如俗话说的：“结婚，经常不是为了钱；离婚，却是经常为了钱！”

的确，人的私心、贪婪、嫉妒，常使人跌倒，重重地跌在自己“恶念”的祸害里。

事实上，我们所拥有的，并不是太少，而是欲望太多；欲望太多的结果，就使自己不满足、不知足，甚至憎恨别人所拥有的、或嫉妒别人比我们更多，以致心里产生忧愁、愤怒和不平衡；欲望太多，就会导致心理贫穷！要减轻欲望，就要懂得舍弃。而外在的放弃让你接受教训，心里的放弃让你得到解脱，从而心里变得安宁。

放弃是一门艺术。在物欲横流的今天，既需要你做出选择，而更多的则是放弃。与其说是抉择得当，不如说是放弃得好。人生苦短，要想获得越多，就得放弃越多。那些什么都不放弃的人，是不可能有多少获得的。其结果必然是对自身生命的最大的放弃，让自己的一生永远处在碌碌无为之中。

放弃是一种让步，让步不是退步。让一步，避其锋，然后养精蓄锐，以利于更好地向前冲刺。放弃是量力而行，明知得不到的东西，何必苦苦相求，明知做不到的事，何必硬撑着去做呢？

放弃需要明智，该得时你便得之，该失时你要大胆地让它失去。有时你以为得到了某些时，可能失去了很多；有时你以为失去了不少，却有可能获得许多。不以得喜，不以失悲。尽自己最大的努力做去，管它花开花落，云卷云舒。

你应该明白：即使你拥有整个世界，但你一天也只能吃三餐。这是人生思悟后的一种清醒。谁真正懂得它的含义，谁就能活得轻松，过得自在，白天知足常乐，夜里睡得安宁，走路感觉踏实，蓦然回首时没有遗憾！

物质上永不知足是一种病态，其病因多是权力、地位、金钱之类引发的。这种病态如果发展下去，就是贪得无厌，其结局是自我爆炸，自我毁灭。

托尔斯泰说："欲望越小，人生就越幸福。"这话，蕴含着深邃的人生哲理。"欲望越小，人生就越幸福。"这是针对欲望越大，人越贪婪，人生越易致祸而言的。古往今来，被难填的欲壑所葬送的贪婪者，多得不可计数。

托尔斯泰还讲过一个故事：有一个人想得到一块土地，地主就对他说，清早，你从这里往外跑，跑一段就插个旗杆，只要你在太阳落山前赶回来，插上旗杆的地都归你。那人就不要命地跑，太阳偏西了还不知足。太阳落山前，他是跑回来了，但已精疲力竭，摔个跟头就再没起来。于是有人挖了个坑，就地埋了他。牧师在给这个人做祈祷的时候说："一个人要多少土地呢？就这么大。"

这个死者，正像《伊索寓言》里一个故事所说："有些人因为贪婪，想得到更多的东西，却把现在所有的也失掉了。"

其实，我们每一个人所拥有的财物，无论是房子、车子……无论是有形的，还是无形的，没有一样是属于你自己的。那些东西不过是暂时寄托于你，有的让你暂时使用，有的让你暂时保管而已，到了最后；物归何主，都未可知。所以智者把这些财富统统视为身外之物。

卡耐基曾说："要是我们得不到我们希望的东西，最好不要让忧虑和悔恨来苦恼我们的生活。且让我们原谅自己，学得豁达一点。根据古希腊哲学家艾皮科蒂塔的说法，哲学的精华就是：一个人生活上的快乐，应该来自尽可能减少对外来事物的依赖。罗马政治学家及哲学家塞尼加也说：'如果你一直觉得不满，那么即使你拥有了整个世界，也会觉得伤心。'且让我们记住，即使我们拥有整个世界，我们一天也只能吃三餐，一次也只能睡一张床，即使是一个挖水沟的工人也可如此享受，而且他们可能比洛克菲勒吃得更津津有味，睡得更安稳。"

“身外物，不奢恋。”这是思悟后的清醒。它不但是超越世俗的大智大勇，也是放眼未来的豁达襟怀。谁如果能做到这一点，谁就会活得轻松，过得自在，真正地摆脱心理的贫穷。

心理学要点：

我们所拥有的，并不是太少，而是欲望太多；欲望太多的结果，就使自己不满足、不知足，甚至憎恨别人所拥有的、或嫉妒别人比我们更多，以致心里产生忧愁、愤怒和不平衡；欲望太多，就会导致心理贫穷！要减轻欲望，就要懂得舍弃。而外在的放弃让你接受教训，心里的放弃让你得到解脱，从而心里变得安宁。

从平凡中窥见浪漫，永葆一颗赤子之心

相对成年人来说，孩子可以说是最懂得享受幸福的专家了。而那些能够保有童心的中老年人，更可称得上是一种天才。因为，能保持年轻人的心态是相当难得而宝贵的。

因此，若要永远拥有幸福，我们绝对不可让自己的精神变得衰老、迟钝或疲倦，我们不可以失去纯真。有位老师曾问她的学生："你幸福吗？""是的，我很幸福。"学生回答。"经常都是幸福的吗？"老师再问道。"对，我经常都是幸福的。""是什么使你感觉幸福呢？"老师继续问道。"是什么我并不知道。但是，我真的很幸福。""一定是有什么事物才使得你幸福的吧！"老师继续追问着。"是啊！我告诉你吧！我的玩伴们使我幸福，我喜欢他们；学校使我幸福，我喜欢上学；我喜欢我的老师。我爱姐姐和弟弟。我也爱爸爸和妈妈，因为爸爸妈妈在我生病时关心我。爸爸妈妈是爱我的，而且对我很亲切。"

老师认为在她的回答中，一切都已齐备了——和她玩耍的朋友（这是她的伙伴）、学校（这是她读书的地方）、姐弟和爸妈（这是她以爱为中心的家庭生活圈）。这是具有极单纯形态的幸福，而人们最高的生活幸福莫不与这些因素息息相关。

老师又向一群少年提出过相同的问题，并且请他们把自认为"最幸福的是什么了"——写下来。他们的回答也令人觉得感动。这是他们

的回答：“有一只雁子在飞；把头探入水中，而水是清澈的；因船身前行而分拨开来的水流；跑得飞快的列车；吊起重物的起重机；小狗的眼睛……”

虽然这些答案很普通，但无疑却存有某些美的精华。想要成为幸福的人，重要的秘诀便是：拥有清澈的心灵，能在平凡中窥见浪漫的眼神，葆有赤子之心以及单纯的心情。

很多知足者都拥有一颗年轻的心，因此，他们更容易获得幸福。拿破仑·希尔在其《满足》一文中，对满足与幸福有如下描述：

全世界最富裕的人住在“幸福谷”。他富有经久不衰的人生理想，富有他所不能失去的东西，这些东西能给他提供满足、健康、宁静的心情和内心的和谐。

下面是他的财产清单，它们本身说明了他是怎样获得这些财产的：

“我获得幸福的方法就是帮助别人获得幸福。

“我获得健康的方法就是生活有节制，我仅仅吃维持我的身体健康所必需的食物。

“我不仇恨任何人，不嫉妒任何人，而是热爱和尊敬全人类。

“我从事我所热爱的劳动，我还把游戏同劳动相结合，因此我很少感到疲劳。

“我每天祈祷，不是为了更多的财富，而是为了更多的智慧，用以认识、利用、享受我所已经拥有的大量财富。

“我不使用辱骂的语言。

“我不要求任何人的恩赐，只要求我有权把我的幸事分享给那些需要帮助的人。

“我和我良心的关系良好，因此它总是指导我正确处理一切事情。

“我所拥有的物质财富多于我的需要，因为我清除了贪婪之心。我只需要在我有生之年能用于建设的那部分财富。我的财富来自分享了我的幸事而受益的那些人。”

心理学要点：

若要永远拥有幸福，我们绝对不可让自己的精神变得衰老、迟钝或疲倦，我们不可以失去纯真。

心是快乐的根，只要下定决心要拥有幸福，你就会得到幸福

美国一位相当具有知名度的电视主持人，有一回邀请某位老人在他的节目中接受访问。这位老者在节目中所说的话并没有预先备妥，也未事先排演过，但是，由于他说话的内容十分朴实、自然、得当，因此每次话音未落，总会使人开怀一笑，受到了观众们的热烈欢迎。当然，这位主持人也因感染了其中的温馨气氛而愉悦不已。

由于好奇，这位主持人禁不住问这位老人："你为何会这样幸福呢？你一定有关于创造幸福的不可思议的秘诀吧！"

"不！不！"老人回答，"根本没有什么不可思议的秘诀，这件事就好比每个人的脸上都有一张嘴巴一般，是件非常平常的事。我只是在每天早晨起床时作一个选择。你们认为我会选择哪一样呢？——我只是选择'幸福'而已。"

这件事听起来，也许单纯得令人难以置信，而这位老人的见解听来也似乎过于浅显。但是，却让我们想起林肯曾说过的那句话："人们如果下定决心要拥有幸福，他就会得到幸福。"换言之，如果你希望变为不幸，那么你就会陷入不幸的深渊中。世界上再也没有比这个道理更简单的了。

传说在天堂上的某一天，上帝和天使们召开了一个头脑风暴会议。

上帝说："我要人类在付出一番努力之后才能找到幸福快乐，我们把人生幸福快乐的秘密藏在什么地方比较好呢？"

有一位天使说："把它藏在高山上，这样人类肯定很难发现，非得付出很多努力不可。"

上帝听了摇摇头。

另一位天使说："把它藏在大海深处，人们一定发现不了。"

上帝听了还是摇摇头。

又有一位天使说："我看哪，还是把幸福快乐的秘密藏在人类的心中比较好，因为人们总是向外去寻找自己的幸福快乐，而从来没有人会想到在自己身上去挖掘这幸福快乐的秘密。"

上帝对这个答案非常满意。

从此，这幸福快乐的秘密就藏在了每个人的心中。

心理学家指出，每个人都具备使自己幸福快乐的资源，像谦虚、合作精神、积极的态度，还有爱心……这些特质几乎都可以在每个人的身上找到，只是许多人没有把这些"幸福快乐的资源"运用得好。而且每一个人都可以通过改变思想去改变自己的情绪和行为，从而改变自己的人生。我们每天遇到的事物，都包含成功快乐的因素，取舍全由个人决定。因为所有事情和经验里面，正面和负面的意义同时存在，把事情和经验转为绊脚石或者是踏脚石，由你自己决定。

幸福快乐的人所拥有的思想和行为能力，都是经过一个过程培养出来的。在开始的时候，他们与其他人所具备的条件是一样的。

情绪、压力或困扰都不是源自外界的人、事、物，而是由自己内心的信念和价值观产生出来的。有能力给自己制造出困扰的人，当然也有能力替自己消除困扰。

相信自己有能力或凡事都有可能，是对自己幸福快乐最有效的保证。

心理学要点：

每个人都具备使自己幸福快乐的资源，像谦虚、合作精神、积极的态度，还有爱心……每一个人都可以通过改变思想去改变自己的情绪和行为，从而改变自己的人生。我们每天遇到的事物，都包含成功快乐的因素，取舍全由个人决定。